SCHAU UND LIES
DEINE WELT

HAIE

UND ANDERE UNGEHEUER DES MEERES

Text von
Philip Steele

Illustriert von
Martin Camm

Tessloff Verlag

INHALT

Herausgeber: Miranda Smith
Art Editor: Chris Stollen
Layout: Margo White

Art director: Roger Priddy
Redaktionelle Bearbeitung: Alwyne Wheeler
Herstellungsleiter: Norina Bremner

Weitere Illustrationen von:
John Rignall, David Thelwell

Aus dem Englischen von Andrea Mertiny

ISBN 3-7886-0976-1
Artes Gráficas Toledo, S. A.
D.L. TO: 771-1991

DER WEISSE TOD

Vom Weltall aus gesehen ist unser Planet blau, denn Wasser bedeckt zwei Drittel seiner Oberfläche. Der Pazifische Ozean allein ist größer als alle fünf Kontinente zusammen. An einer Stelle ist er über 11 Kilometer tief. Die Meere verändern sich fortwährend. Ruhige Gewässer funkeln unter einer heißen, tropischen Sonne, während in der Arktis und Antarktis die Meere kalt und oft von einer dicken Eisschicht bedeckt sind.

Das Leben auf der Erde entstand vor mehr als 4,5 Milliarden Jahren im Meer. Doch erst vor kurzer Zeit haben wir Menschen angefangen, die Tiefen der Ozeane zu erforschen. Fast jedes Fleckchen des Festlands ist kartiert und erkundet, aber unter den Wellen liegt eine Welt, die noch zum größten Teil unbekannt ist und in der zahlreiche ungewöhnliche Lebewesen heimisch sind. Hier finden sich Unterwassergebirge und tiefe, dunkle Gräben. Es gibt seltsame und wunderschöne Pflanzen, Fische, die fliegen können, gewaltige Kalmare mit riesigen Augen, gigantische Wale – und tödliche, mit Zähnen bewaffnete Haie . . .

Seit Jahrmillionen im Meer

Schon seit 500 Millionen Jahren schwimmen in den Meeren der Erde Haie. Menschen fürchten sie, denn viele von ihnen jagen große Tiere und greifen ohne weiteres auch Menschen an. Der Walhai jedoch, der größte heute lebende Fisch, ist harmlos. Er frißt nur Plankton, winzige Lebewesen, die im Meer schweben. Viele andere Haie sind zu klein, um dem Menschen gefährlich zu werden.

Weißer Räuber

Der einsam jagende Weiße Hai ist der gefährlichste Hai. Er ist ein kräftiger Fisch, zum schnellen Schwimmen stromlinienförmig gebaut und zum Töten konstruiert. Die meisten Weißen Haie leben in den warmen Gewässern der Tropen, einige kommen aber auch vor der Küste Kaliforniens und Australiens vor.

Das Gebiß des Weißen Haies ist ungeheuer kräftig

Revolvergebiß

Ein furchterregender Kopf erhebt sich aus den Wellen, das gebogene Maul trägt spitze, gesägte Zähne. Haie haben Zähne, die in mehreren Reihen hintereinander stehen. Aus ihnen klappen neue, scharfe nach vorne, um alte, abgenutzte zu ersetzen. Opfer werden zerrissen und unzerkaut in Stücken heruntergeschluckt.

Die Haut der Haie

Der Weiße Hai hat eine weiße Unterseite und einen blaugrauen Rücken. Die meisten Fische haben Schuppen, die Haut der Haie ist jedoch mit winzigen Hautzähnchen bedeckt. Streichelt man sie mit dem Strich, so ist sie glatt wie Seide, gegen den Strich aber ist sie rauh wie Sandpapier. Haihaut ist sehr zäh und widerstandsfähig.

Das Warndreieck
Angetrieben von seinem kräftigen Schwanz bewegt sich der Hai durch das Wasser. Wenn er seine Beute angreift, kann man mitunter die dreieckige Rückenflosse die Wasseroberfläche durchschneiden sehen. Sie dient als Steuer und hält den Fisch im Gleichgewicht.

Ein gesegneter Appetit!
Ein Weißer Hai kann bis zu 6 m lang werden. Wegen seiner Größe braucht er viel Nahrung und ist so zu einem sehr tüchtigen Jäger geworden. Sein Revier liegt oft in der Nähe von Robbenkolonien oder anderen reichen Nahrungsquellen.

Aus der Sicht eines Haies
In sonnendurchfluteten Gewässern sieht ein Schwimmer auf einem Surfbrett nicht wesentlich anders aus als ein Seehund oder Seelöwe. Robben, Tintenfische und auch Menschen werden vom Weißen Hai angegriffen. Wenn er zubeißt, ändert sich die Form seines Kopfes. Das Maul schiebt sich nach vorne, die Schnauze nach oben und damit aus dem Weg.

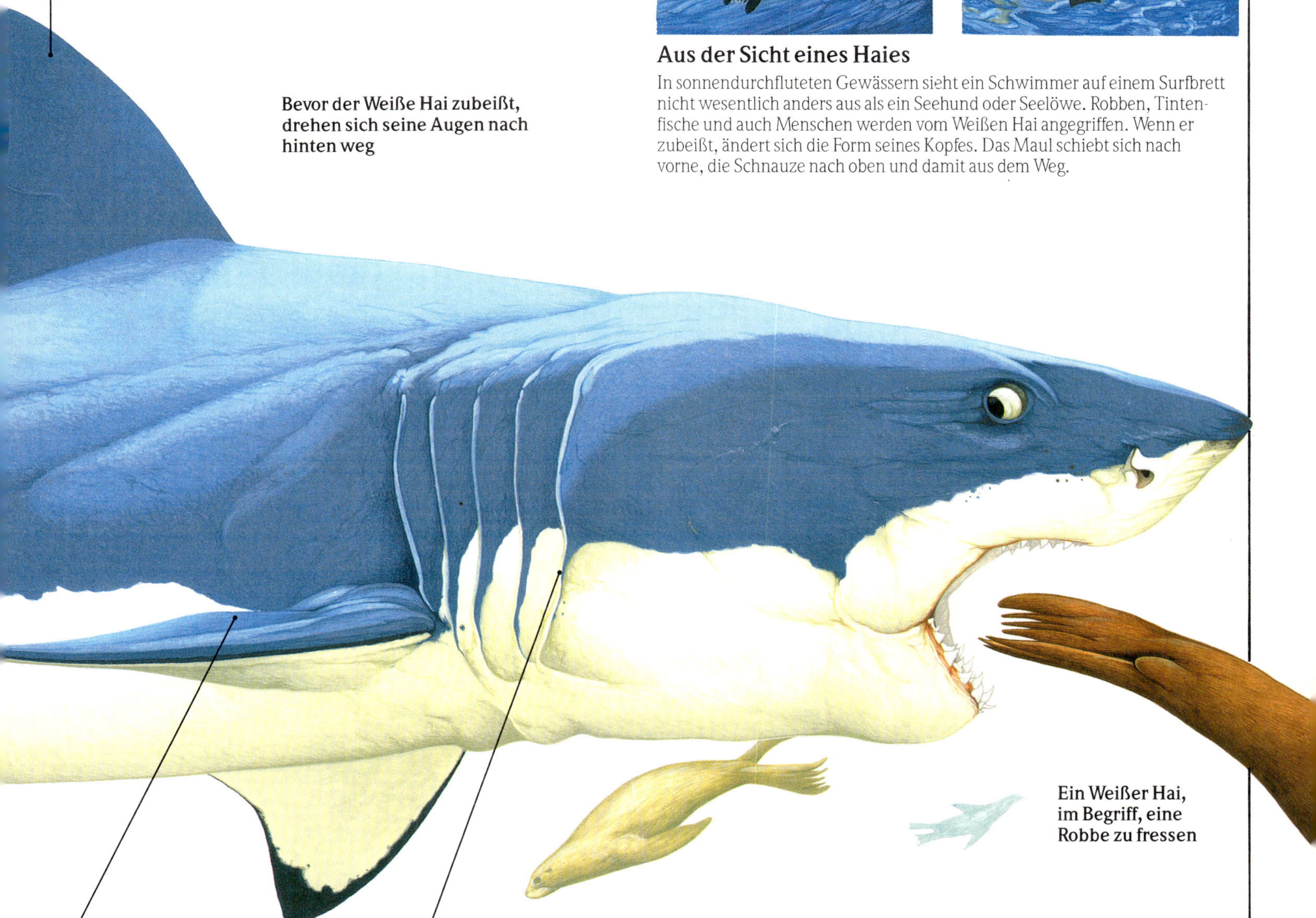

Bevor der Weiße Hai zubeißt, drehen sich seine Augen nach hinten weg

Ein Weißer Hai, im Begriff, eine Robbe zu fressen

In der Schwebe bleiben
Die meisten Fische besitzen eine Schwimmblase, mit der sie im Wasser schweben können. Haie haben statt dessen eine sehr große, ölreiche Leber, die ihnen aber nur wenig Auftrieb gibt. Sie sacken vor allem deshalb nicht ab, weil ihre starren, seitlichen Brustflossen den Körper beim Schwimmen wie Tragflächen nach oben drücken.

Schwimmen, um am Leben zu bleiben
Fische atmen, indem sie über Kiemen dem Wasser den lebensnotwendigen Sauerstoff entnehmen und ihn dem Blut zuführen. Die meisten Fische können aktiv Wasser über ihre Kiemen pumpen. Haie aber müssen immer schwimmen, damit Wasser durch ihr Maul und dann über ihre Kiemen strömt.

Weiße Haie werden über 6 m lang

ZÄHNE UND KIEFER

Vor 15 Millionen Jahren schwamm ein riesiger Hai in den Weltmeeren. Sein Maul war 2,75 m breit, und wenn es sich öffnete, zeigten sich bis zu 15 cm große Zähne. Der Weiße Hai stammt von solchen Ungeheuern ab.

Die allerersten Fische hatten (wie die heute lebenden Neunaugen) keine Kiefer. Die Haie entwickelten Kiefer aus Knorpel, der sehr leicht, aber enorm belastbar ist. Bei anderen Fischen entstand der Kiefer aus Knochen. Manche dieser Kiefer sind ungewöhnlich geformt. Der Sägefisch zum Beispiel hat eine lange, abgeflachte Schnauze, aus der seitlich 20 Zahnpaare herausragen.

Ein Mordsgebiß!
Die Kiefer eines Haies tragen „Wegwerf-Zähne". Während die erste Zahnreihe in das Opfer beißt, bleiben die anderen weiter hinten im Zahnfleisch geborgen. Etwa alle 10 Tage richtet sich eine Reservereihe auf, um die Zähne in der vorderen Reihe zu ersetzen.

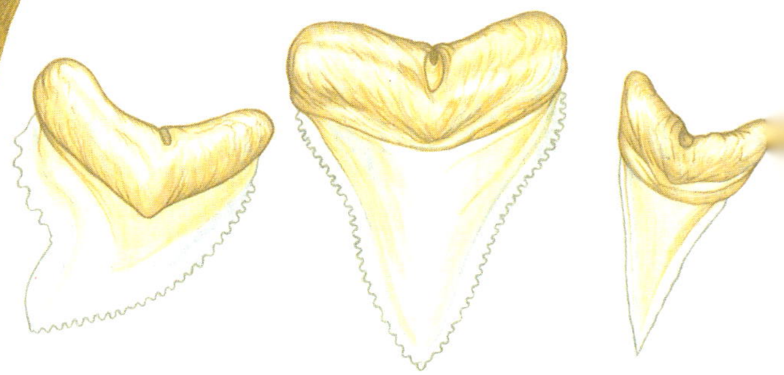

Tigerhai — Weißer Hai — Makohai

Vielseitig verwendbar
Zähne und Kiefer sind so konstruiert, daß ein Tier optimal an seine Nahrung herankommt. So können sie schneiden, zerkleinern, zerquetschen, zermahlen und filtrieren. Meist sind Zähne spitz und scharf. Viele haben gesägte Kanten, damit sie leichter durch zähes Fleisch schneiden. Bei vielen Angriffen auf große Tiere beißt der Hai einfach in seine Beute hinein, schüttelt den Kopf hin und her und „sägt" so ein Stück Fleisch heraus.

Die Kiefer eines Grauen Riffhaies
Die knorpeligen Kiefer des Grauen Riffhaies werden durch ungeheuer kräftige Muskeln bewegt. Ober- und Unterkiefer klappen mit großer Kraft zusammen, so daß es für ein Opfer schwierig wird, den Schneidezähnen zu entkommen.

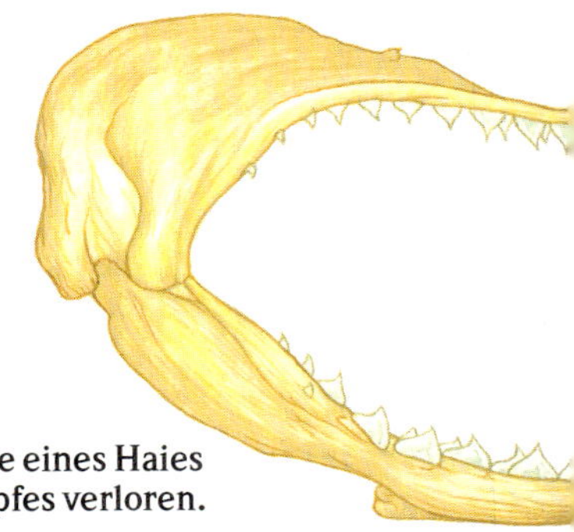

Die nur locker sitzenden Zähne eines Haies gehen oft während eines Kampfes verloren.

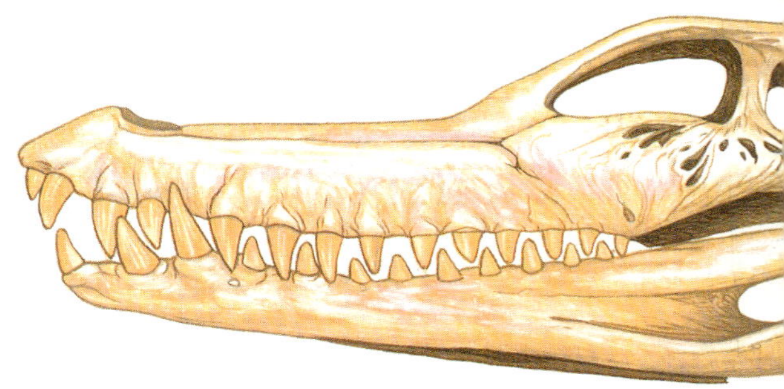

Tigerhai

Opfer von Krokodilen
Das Salzwasserkrokodil ist das angriffslustigste Meeresreptil. Seine langgezogene Schnauze ist mit gefährlichen Zähnen bestückt. Die Kiefer können ein Opfer mit einem Druck von fast 700 Kilogramm zermalmen. Dieses riesige Krokodil greift in Küstennähe Schiffbrüchige an. Es jagt seine Beute im Wasser und auch an Land.

Der Tigerhai wird 6 m lang

Gebiß eines Tigerhaies
Der kurzschnäuzige Tigerhai hat ein Gebiß mit großen Zähnen, die zum Schneiden geschaffen sind. Jeder dieser rasiermesserscharfen Zähne hat gesägte Kanten, an einer Seite befindet sich eine tiefe Kerbe. Tigerhaie greifen große Beutetiere an. Auch viele Menschen sind ihren tödlichen Bissen zum Opfer gefallen.

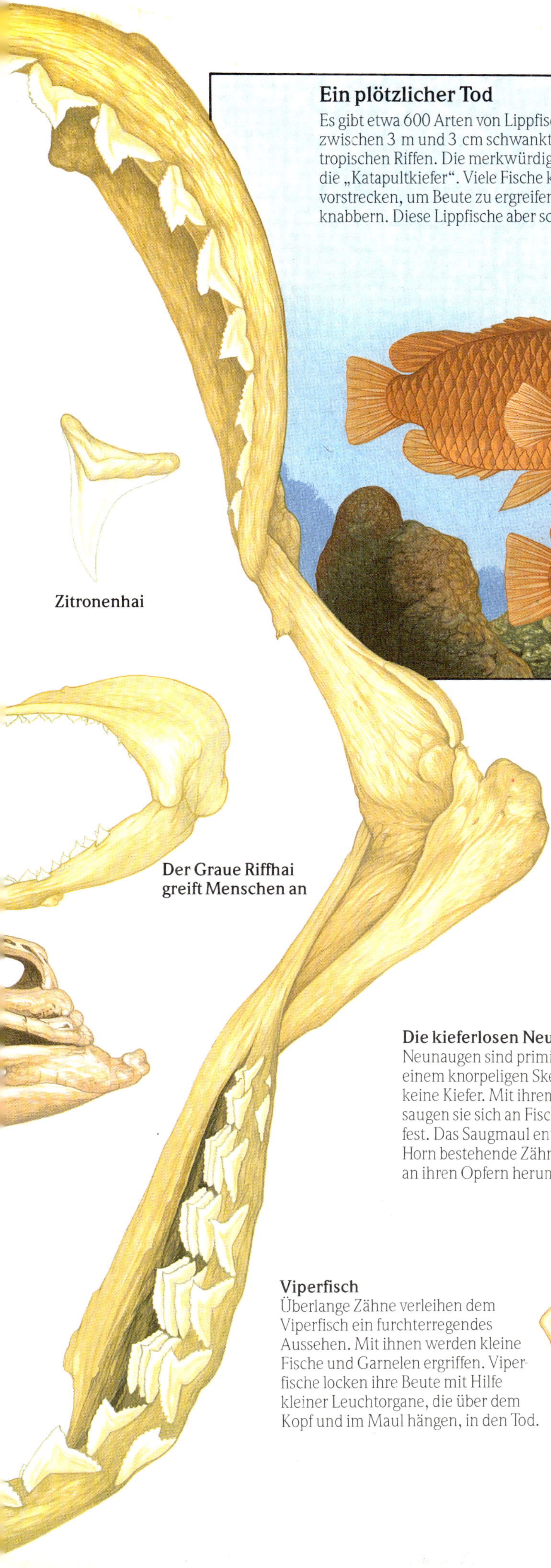

Ein plötzlicher Tod

Es gibt etwa 600 Arten von Lippfischen, deren Größe zwischen 3 m und 3 cm schwankt. Sie leben in tropischen Riffen. Die merkwürdigsten Lippfische sind die „Katapultkiefer“. Viele Fische können ihr Maul vorstrecken, um Beute zu ergreifen oder an Seetang zu knabbern. Diese Lippfische aber schieben bei geöffnetem Maul den ganzen Kiefer vorwärts. Dies gibt ihnen einen großen Vorteil, da sie sich kleinen Fischen und Garnelen (1) unbemerkt nähern können. Dann lassen sie den ganzen Kiefer vorschnellen und schlucken ihre Beute blitzschnell herunter (2).

Zitronenhai

Der Graue Riffhai greift Menschen an

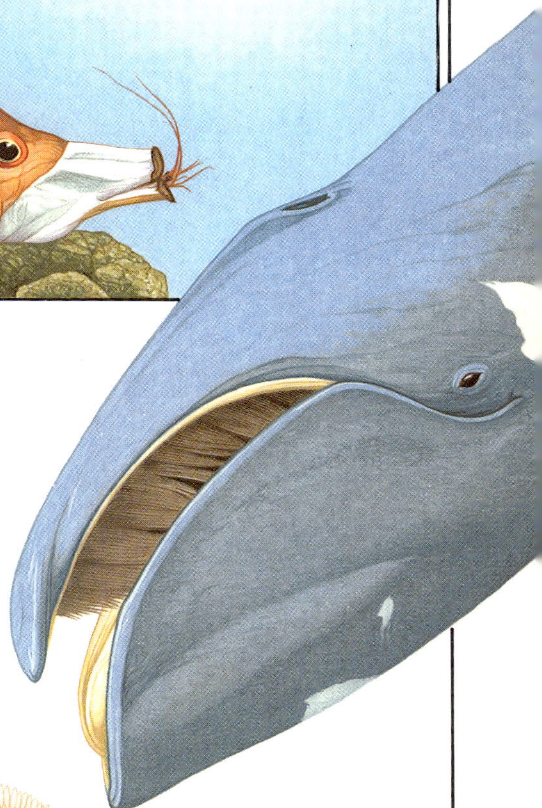

Ein Maul wie ein Sieb

Während Wale, die Robben oder Kalmare jagen, ein normales Säugetiergebiß mit Zähnen haben, filtern Wale, die Plankton fressen, ihre Nahrung durch hornige, am Ende zerfaserte und vom Gaumen herabhängende Platten oder „Barten“ aus dem Meer.

Die kieferlosen Neunaugen

Neunaugen sind primitive Fische mit einem knorpeligen Skelett. Sie haben keine Kiefer. Mit ihrem runden Maul saugen sie sich an Fischen und Walen fest. Das Saugmaul enthält kleine, aus Horn bestehende Zähne, mit denen sie an ihren Opfern herumraspeln.

Viperfisch

Überlange Zähne verleihen dem Viperfisch ein furchterregendes Aussehen. Mit ihnen werden kleine Fische und Garnelen ergriffen. Viperfische locken ihre Beute mit Hilfe kleiner Leuchtorgane, die über dem Kopf und im Maul hängen, in den Tod.

EINE WELT UNTER DEN WELLEN

Die Weltmeere befinden sich in immerwährender Bewegung. Sie stehen alle miteinander in Verbindung und werden von der Erddrehung sowie von der Anziehungskraft des Mondes beeinflußt. Diese ist die Ursache der Gezeiten, die den Meeresspiegel täglich steigen und fallen lassen. Viele Meerestiere verstehen es, mit Ebbe und Flut zu leben. Ihr Leben ist eng mit dem ständigen Auf und Ab des Wassers verbunden.

Die Meere beeinflussen das Wetter auf der Erde und werden wiederum selbst von ihm beeinflußt. Wind und Sturm erzeugen die Dünung und türmen riesige Wellen auf, die sich an den Küsten brechen. Für Meerestiere ist es schwierig, in der Brandungszone zu leben, wo Wellen Sand und Steine umherwirbeln und schäumend Sand und Felsen überspülen.

Die mittleren Tiefen
Die mittleren Wassertiefen liegen zwischen 250 und 1000 m. Je größer die Tiefe, desto finsterer und kälter wird es. In der Dunkelheit erzeugen viele Fische mit Hilfe von körpereigenen Leuchtorganen selbst Licht. Damit werden Raubtiere, die auf sie lauern, verwirrt oder Geschlechtspartner angelockt. Tiere, die in diesen Tiefen leben, müssen auch dem Wasserdruck angepaßt sein. Je tiefer das Wasser, desto höher der Druck.

In den Ozeanen gibt es große flußähnliche Wasserbewegungen, die Meeresströmungen. Sie transportieren kaltes Wasser aus den polaren Gebieten und warmes Wasser aus den Tropen. So bringt der Golfstrom, die kräftigste Meeresströmung der Erde, warmes Wasser aus den Tropen nach Nordwesteuropa. Viele kleine Tiere und Pflanzen treiben in den Meeresströmungen.

Die Tiefe des Meeres

Die durchschnittliche Tiefe der Ozeane beträgt 3790 m. Küstengewässer sind meist flach, aber das offene Meer kann sehr tief sein. Auf dem Meeresgrund gibt es, genau wie auf dem Festland, hohe Berge und tiefe Schluchten. Der tiefste dieser Gräben liegt im Pazifischen Ozean und fällt auf eine Tiefe von 11 034 m ab.

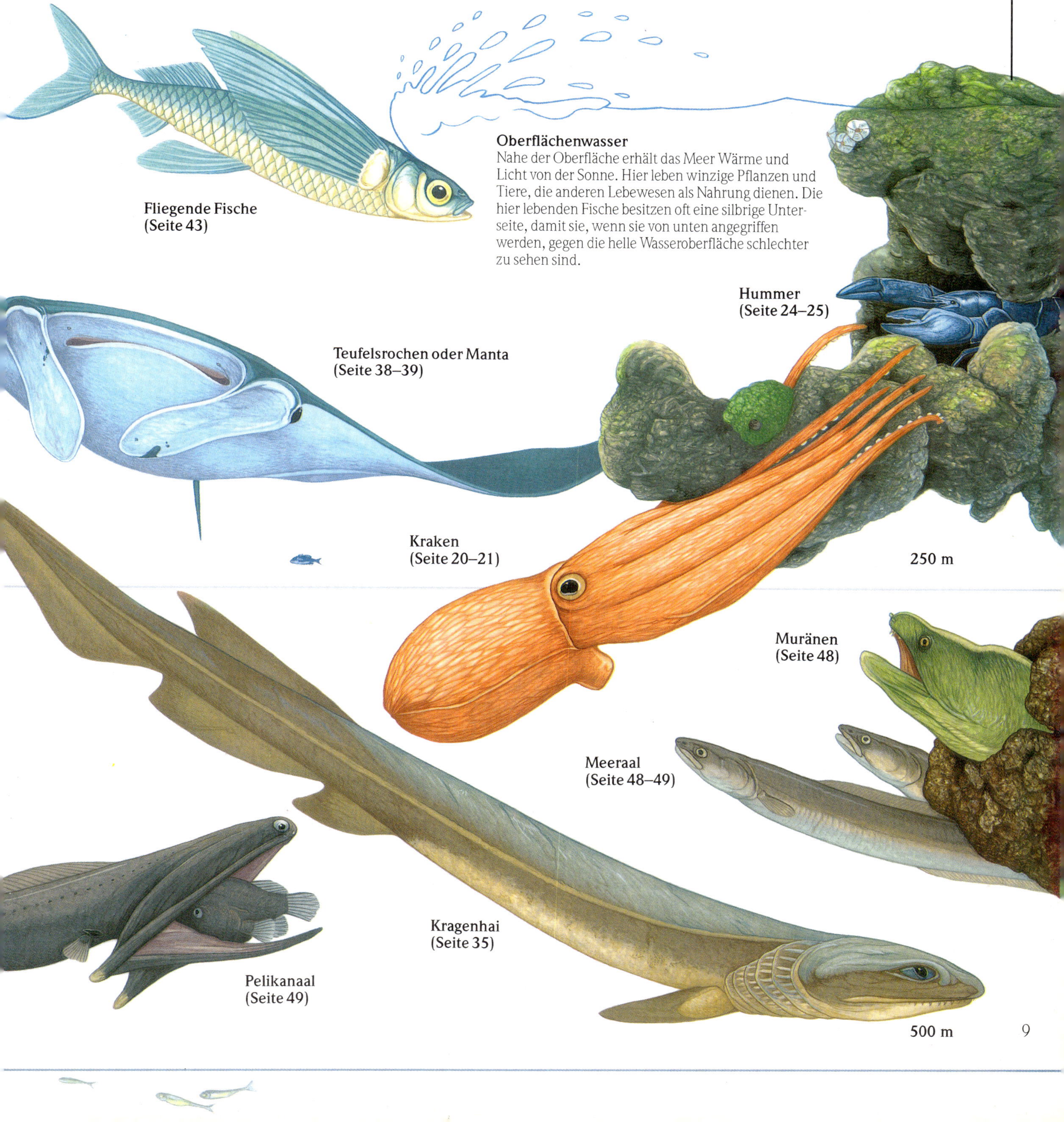

Oberflächenwasser

Nahe der Oberfläche erhält das Meer Wärme und Licht von der Sonne. Hier leben winzige Pflanzen und Tiere, die anderen Lebewesen als Nahrung dienen. Die hier lebenden Fische besitzen oft eine silbrige Unterseite, damit sie, wenn sie von unten angegriffen werden, gegen die helle Wasseroberfläche schlechter zu sehen sind.

Es wimmelt von Leben

Das Meer ist die Heimat von unzähligen Lebewesen. Im Laufe der Zeit haben sich viele unterschiedliche Lebensformen entwickelt. Manche leben in der Nähe der Küste, andere im offenen Meer. Einige müssen an die Oberfläche kommen, um zu atmen, andere entnehmen den lebensnotwendigen Sauerstoff dem Wasser.

In einer Klasse für sich

Wie können wir die unterschiedlichen Tiere beschreiben? Worin gleichen oder unterscheiden sie sich? Wissenschaftler teilen und unterteilen das Tierreich in Gruppen, die man Stamm, Unterstamm, Klasse, Ordnung, Familie und Gattung nennt. Tiere, die sich in allen wesentlichen Merkmalen gleichen, gehören zu einer Art. Im Meer leben viele unterschiedliche Tiergruppen.

Zooplankton	Kleine umherschwebende Lebewesen; kleinste Organismen, Eier und Larven von Fischen und Krebsen	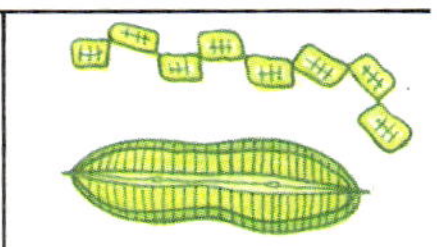
Würmer	Raubtiere oder Filtrierer, hierzu gehören Band- und Rundwürmer	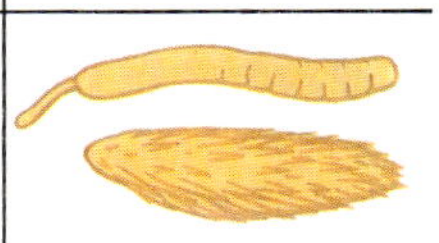
Hohltiere	Zu dieser Gruppe gehören Staatsquallen, Blumentiere und Korallen	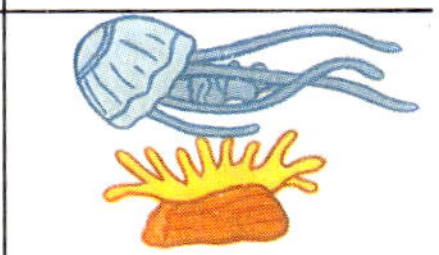
Weichtiere (Mollusken)	Muscheln, Schnecken und Kopffüßer sind Weichtiere	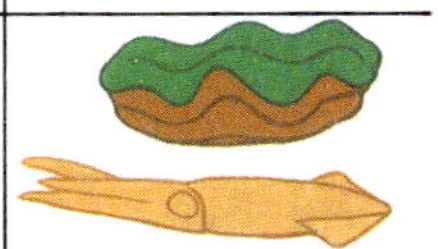
Krebstiere	Krabben, Hummer, Garnelen, Seepocken und Ruderfußkrebse gehören in diese Klasse	
Stachelhäuter	Seesterne, Seeigel, Seelilien und Seegurken sind alle miteinander verwandt	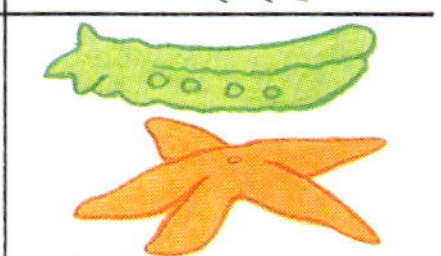
Kieferlose Fische	Neunaugen und Inger sind primitive Fische, die keinen Kiefer besitzen	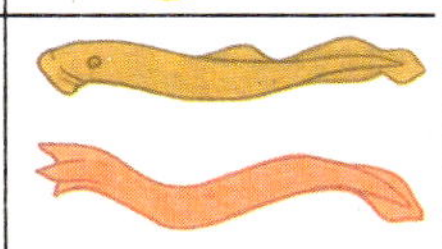
Knorpelfische	Haie und Rochen besitzen ein Skelett aus Knorpel anstelle von Knochen	
Knochenfische	Die Mehrzahl der Fische – 90 Prozent – haben ein Skelett aus Knochen	
Kriechtiere (Reptilien)	Die schuppentragenden und wechselwarmen Seeschlangen und Salzwasserkrokodile atmen Luft	
Säugetiere	Die warmblütigen und luftatmenden Wale und Robben sind Säugetiere	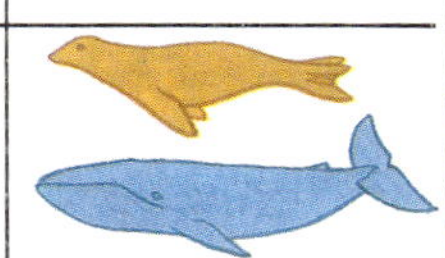

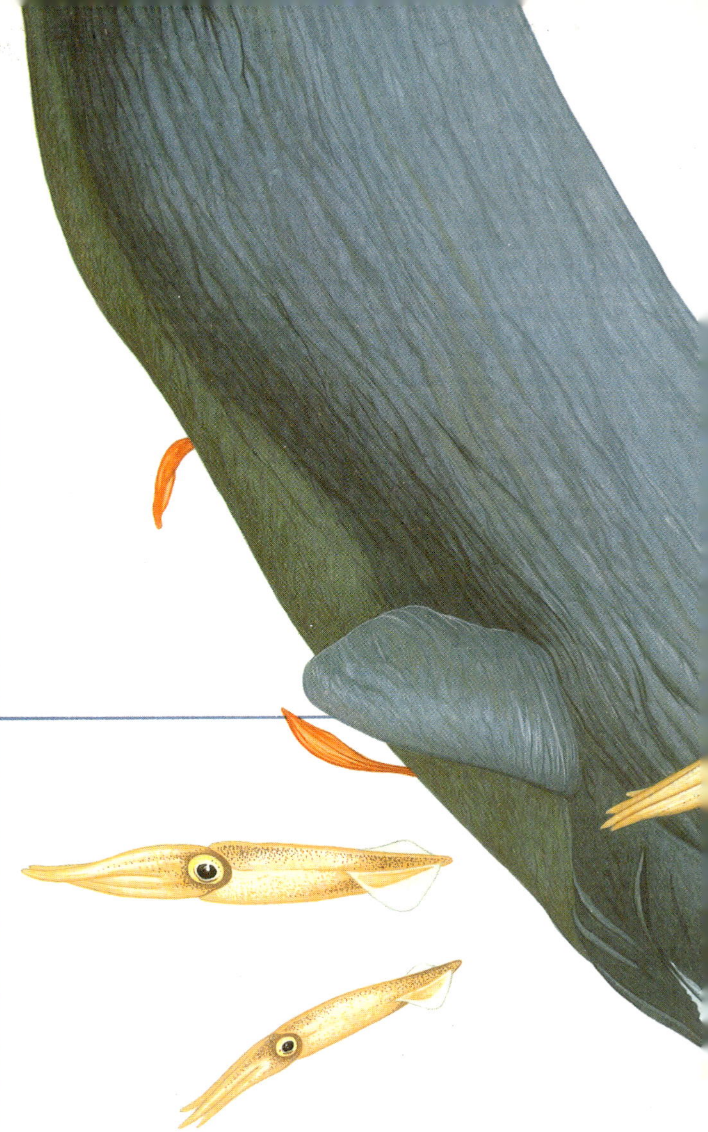

Kalmare
(Seite 18–21)

Das Abyssal
Unterhalb von 4000 Metern nennt man die Tiefen der Meere das Abyssal. Tiere, die hier leben, warten auf Nahrungskrümel und tote Tiere, die aus höheren Wasserschichten zu ihnen herabsinken. Oft ist der Meeresgrund mit Schlick bedeckt, der eine reiche Nahrungsquelle darstellt. Durch starke Strömungen können auch Nahrungspartikel aus dem Flachwasser in diese Tiefe gespült werden.

Tiefe Wasserschichten
Unterhalb einer Tiefe von 100 m gibt es kein Tageslicht mehr. Hier ist die Welt dunkel und kalt. Der Wasserdruck nimmt zu. Ein Mensch kann hier nur im Schutz eines Tauchgeräts oder -bootes überleben. Raubfische finden in dieser Tiefe nur wenig Beute. Daher haben viele Tiefseejäger riesige, klaffende Mäuler mit langen, gebogenen Zähnen, so daß ihnen nichts entkommen kann!

Tiefseefische
Manche Tiefseefische verwenden leuchtende „Köder“, um Beute direkt vor ihr offenes Maul zu locken. In großen Tiefen sind viele Fische fast blind. Um ihre Nahrung zu finden, verlassen sie sich auf ihren Geschmackssinn und ihr Seitenlinienorgan. Dies ist eine Reihe von Sinneszellen auf den Flanken, die Bewegungen melden. Tiefseefische bewegen sich nur langsam. Sie warten darauf, daß ihre Mahlzeit ihnen einfach über den Weg schwimmt.

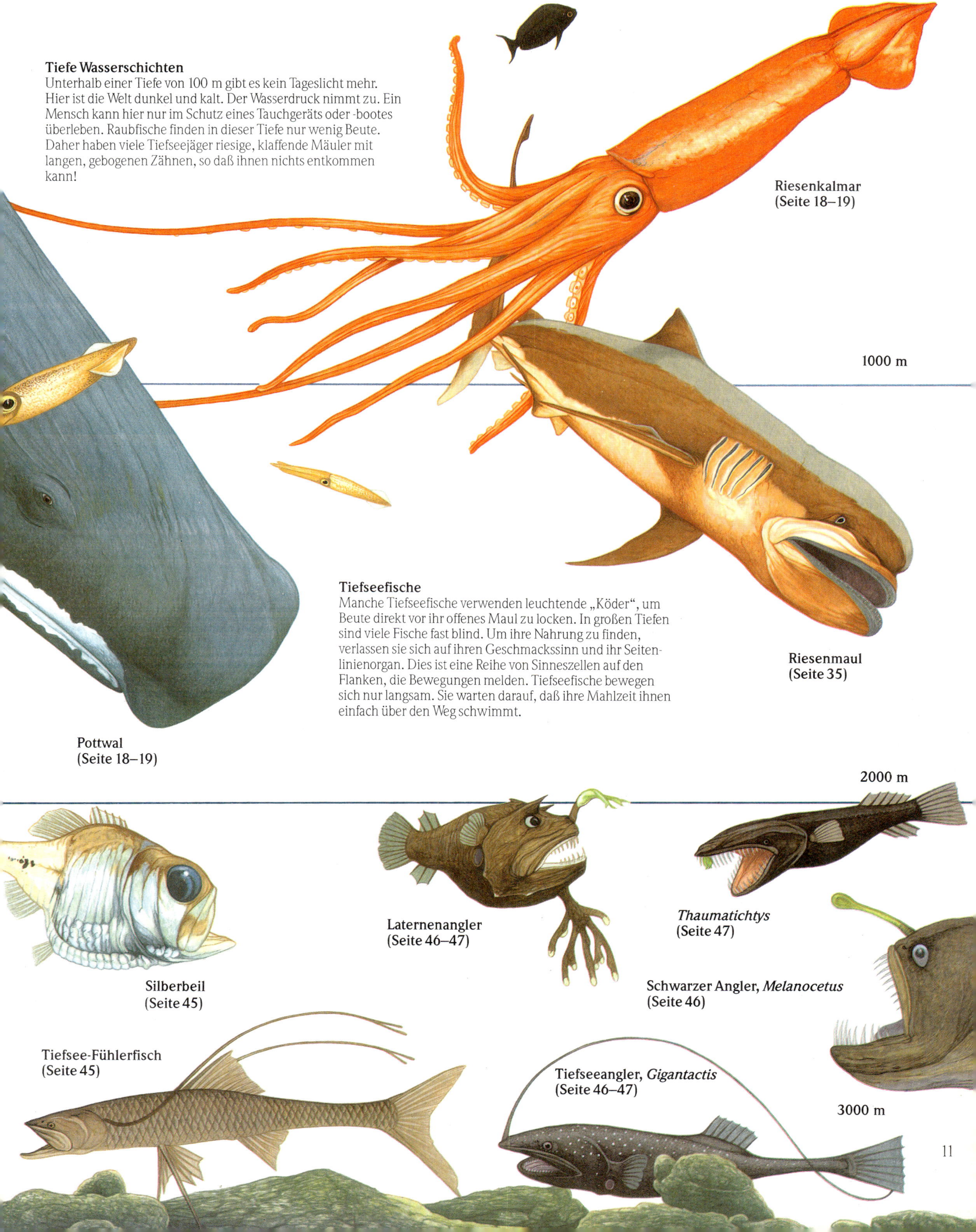

BLUMENTIERE UND QUALLEN

Blumentiere, Korallen, Quallen und ihre Verwandten gehören zu einer Tiergruppe, die Hohltiere genannt werden. Alle haben einen weichen Körper, ohne harte Teile. Ihre Mundöffnung ist von Tentakeln oder Fangarmen umgeben. Sie haben kein Gehirn, und der größte Teil ihres Körpers wird vom Magen eingenommen. Korallen und Blumentiere sehen aus wie Unterwasserpflanzen und verlassen die Steine, auf denen sie sich niedergelassen haben, nie. Viele Blumentiere können sich kurze Strecken fortbewegen, indem sie über die Oberfläche rutschen oder sich mit Hilfe ihrer Tentakel vorwärtsziehen. Quallen schwimmen frei umher, von Strömungen getragen oder vom Wind getrieben.

Der tödliche Nesselfaden
Ein Quallenkörper hat die Form einer Untertasse oder eines Kastens. Von seinem Rand hängen mit Nesselzellen besetzte Tentakel in das Wasser herab. Mit ihrer Hilfe werden Plankton oder kleine Fische gelähmt und zur Mundöffnung transportiert. Mitunter ist die Berührung einer Qualle gefährlich.

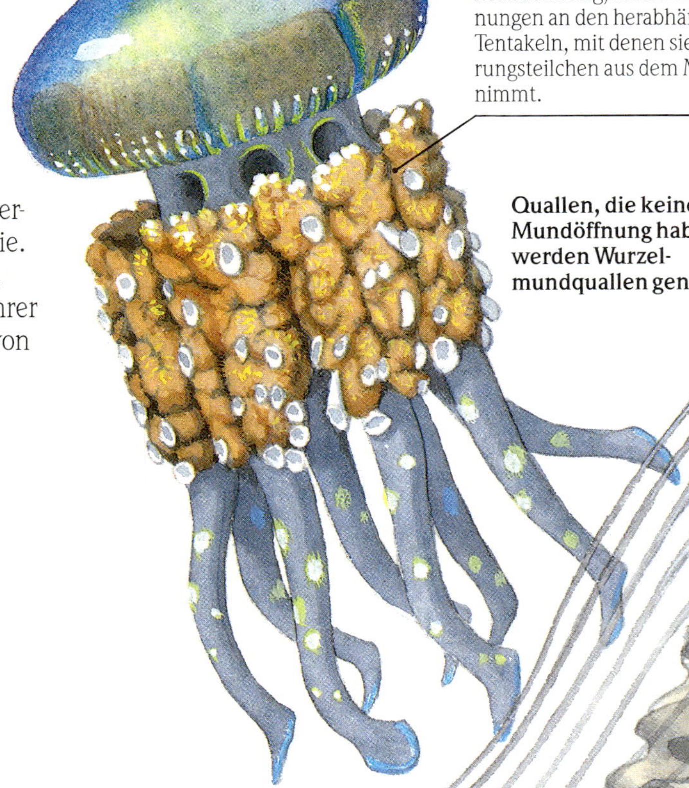

Die Vielmäuligen
Im Indischen und Pazifischen Ozean lebt diese Wurzelmundqualle. Sie sieht aus wie alle anderen Quallen, hat jedoch keine zentrale Mundöffnung, sondern kleine Öffnungen an den herabhängenden Tentakeln, mit denen sie Nahrungsteilchen aus dem Meer entnimmt.

Quallen, die keine zentrale Mundöffnung haben, werden Wurzelmundquallen genannt

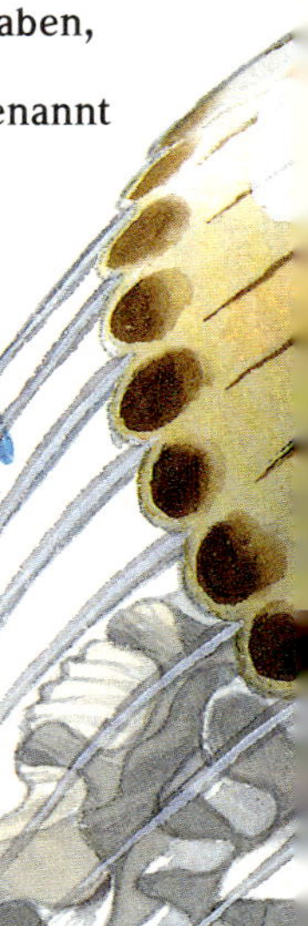

Die Kompaßqualle betäubt ihre Beute mit den lang herabhängenden Tentakeln

Korallen
Korallen sind nahe Verwandte der Blumentiere. Auch sie haben Fangarme und weiche Körper, die oft von einem kalkigen Außenskelett gestützt werden. Bei Störungen ziehen sie sich in diesen Hartkörper zurück. Viele Korallen leben in Gruppen, die Kolonien genannt werden.

Die Kompaßqualle
Die Kompaßqualle hat einen glokkenförmigen Körper von 30 cm Durchmesser. Sie lebt in wärmerem Wasser. Ihre Tentakeln hängen lang herab. Von der Mitte ihres Körpers gehen braune und gelblich-weiße Streifen aus, die sich strahlenförmig wie bei einem alten Schiffskompaß ausbreiten.

Auf der Lauer

Die Pferdeaktinie ist 7 cm hoch. Man kann sie bei Ebbe auf Felsen des Nordatlantiks und des Mittelmeers sehen. Sie gleicht einem Klümpchen aus rotem, braunem oder grünem Gelee und besitzt eine Mundöffnung in der Mitte. Unter Wasser breitet sie ihre mit Nesselzellen bewaffneten Tentakeln aus, um Beute zu fangen. Jede Berührung löst die Nesselkapseln oder Nematozysten aus. Sie schwellen an und schleudern kleine, mit Widerhaken versehene Fäden wie Harpunen in ihr Opfer. Die leicht betäubte Beute wird dann von den Tentakeln ergriffen, wenn es ihr nicht zu fliehen gelingt.

Ein Scheibenbauch, der von einer Pferdeaktinie genesselt wird, flüchtet

Der Gefahr entrinnen
In tropischen Meeren finden die auffallend gefärbten Anemonenfische Schutz in den Tentakeln der Riesenaktinie, einem Blumentier. Eine spezielle Schicht auf ihrer Haut schützt sie vor den für andere Tiere tödlichen Nesselzellen der Aktinie. So können sie sich hier vor ihren Feinden in Sicherheit bringen.

Die Ohrenqualle mißt etwa 25 cm im Durchmesser

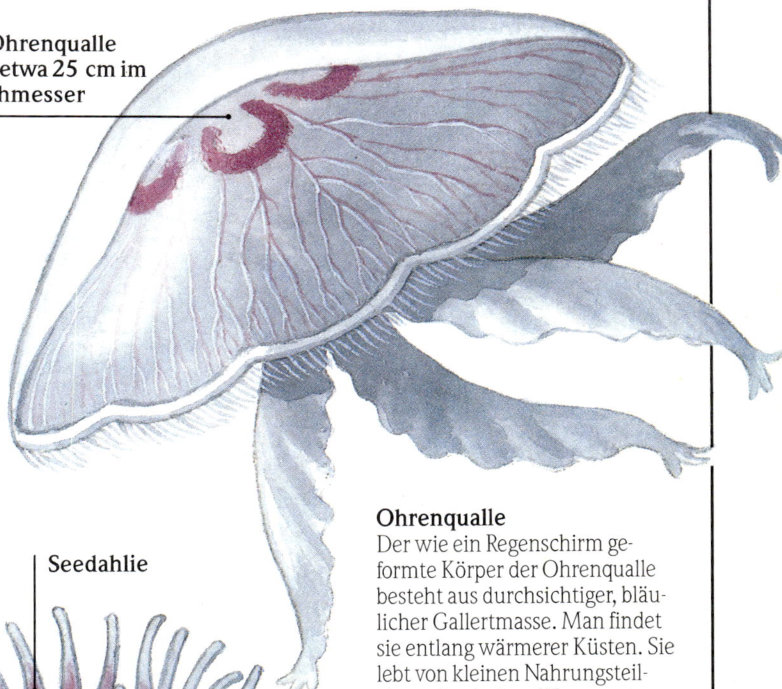

Ohrenqualle
Der wie ein Regenschirm geformte Körper der Ohrenqualle besteht aus durchsichtiger, bläulicher Gallertmasse. Man findet sie entlang wärmerer Küsten. Sie lebt von kleinen Nahrungsteilchen, die sie dem Wasser entnimmt.

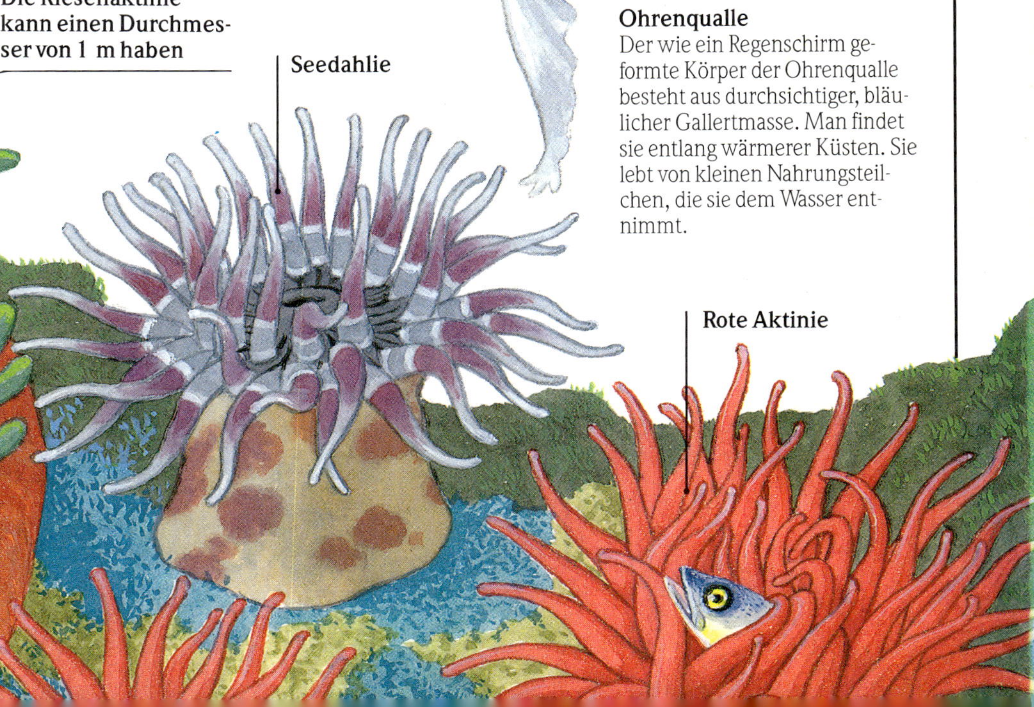

MUSCHELN UND SCHNECKEN

Leere Muschelschalen und Schneckengehäuse liegen zu Haufen aufgetürmt an vielen Stränden. Die Wellen zerschlagen sie, bis sie nur noch Schill sind. Viele Schalen haben einen Glanz wie Perlen, farbige Muster oder eine wunderschöne Form. Ganz in der Nähe, versteckt im Sand oder an Steine und Felsen fest angehaftet, kann man Gehäuse finden, die noch das lebende Tier enthalten.

Schalen und Gehäuse sind die äußeren, harten Hüllen von Tieren, die man Weichtiere oder Mollusken nennt. Zu ihnen gehören die Schnecken und Nacktschnecken, die man im Garten findet, aber auch große Meerestiere mit Fangarmen wie Kalmare und Kraken. Wie der Name sagt, haben alle Weichtiere einen weichen, knochenlosen Körper.

Schnecken sind Weichtiere mit nur einer Schale. Da sie aussehen, als ob sie auf ihrem Bauch kriechen, werden sie auch Gastropoden („Magenfüßer") genannt. Viele andere Mollusken, wie die Miesmuscheln und Scheidenmuscheln, besitzen zwei Schalen, die mit einem Scharnier verbunden sind. Dies sind die Muscheln oder Bivalvia („Zweischaler").

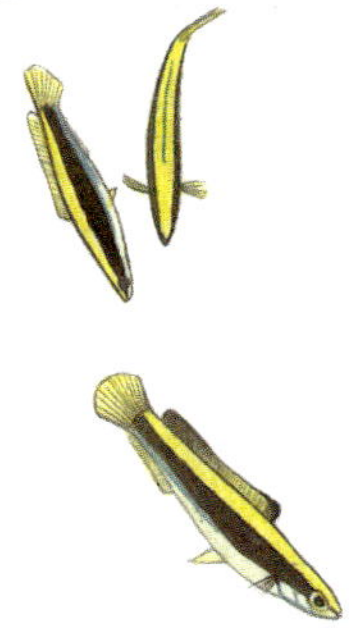

Ein Filtriersystem
Man findet die Mördermuschel im flachen Wasser tropischer Korallenriffe. Dort liegt sie, die Scharnierseite nach unten. Sie saugt Wasser durch eine Röhre (Siphon) ein, filtert es durch ihre Kiemen und stößt es durch eine zweite Röhre wieder aus.

Pinzettfisch

Algenzucht
Die Mördermuschel filtert Plankton aus dem Wasser heraus. Sie frißt aber auch Algen, die auf ihrem Körper innerhalb der beiden Schalenhälften wachsen. Diese Algenschicht bildet einen kräftig gefärbten purpurnen, blauen oder grünen Saum.

Die größte Muschel
Die größte Muschel der Welt ist die Mördermuschel aus dem Indischen und Pazifischen Ozean. Sie ist ein echter Riese – bis zu 300 kg schwer und über 1 m im Durchmesser.

Doktorfisch

Die Scheidenmuschel gräbt sich tief ein

Die Scheidenmuschel erhielt ihren Namen nach den Scheiden, in die man Schwerter oder Messer steckt, um sie zu schützen. Wie sie ist die Muschel lang, dünn und hat in der Mitte einen Hohlraum. Scheidenmuscheln ziehen sich mit Hilfe ihres kräftigen Grabfußes in Sand oder Schlamm hinein. Während der Flut saugen sie Wasser durch eine kurze Röhre ein und filtern Nahrungsteilchen heraus. Durch eine zweite Röhre wird das Wasser dann wieder ausgestoßen. Die glatte Oberfläche der Scheidenmuschel ermöglicht es ihr, sich blitzschnell in ihren „Bau" zurückzuziehen, wenn sie von hungrigen Watvögeln angegriffen wird. Der obere Teil der Wohnröhre füllt sich dann mit feuchtem Sand.

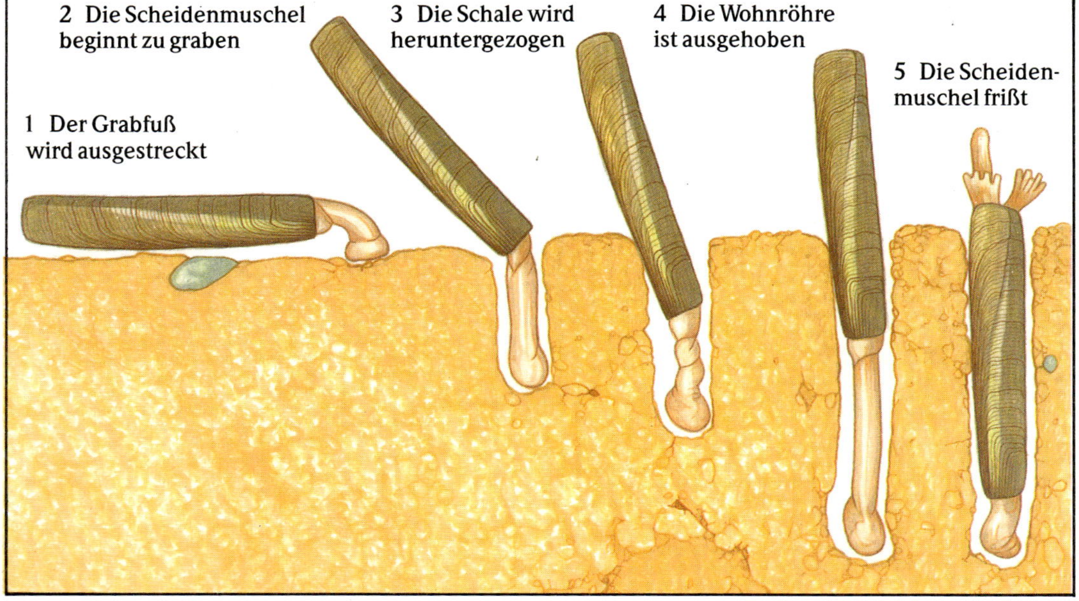

Ein beweglicher Zuhause

Oft bieten Muschelschalen und Schneckenhäuser anderen Tieren ein Zuhause. Seepocken und Blumentiere befestigen sich auf den Gehäusen der Wellhornschnecken. Die Abbildung zeigt Entenmuscheln, die auf einem spiraligen Gebilde leben, das einst im Hinterende eines Posthörnchens, einer Tintenfischart, saß.

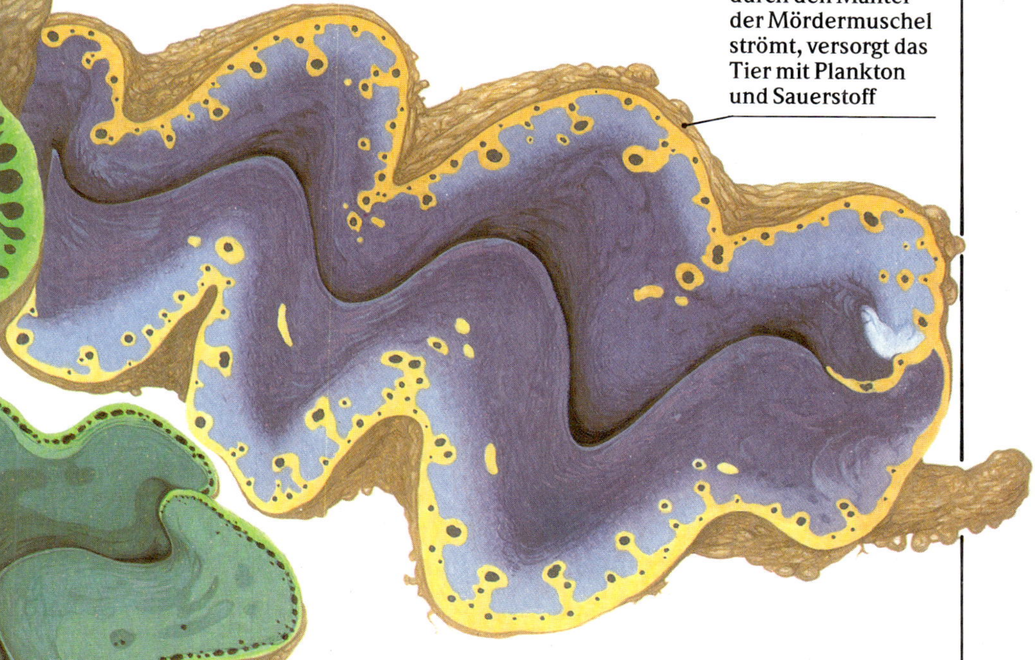

Ein Würgegriff

Die Mördermuschel besitzt eine massige Doppelschale, die sie sehr fest schließen kann. Zwei kräftige Muskeln halten sie geschlossen. Niemand kann die beiden Hälften mit bloßer Hand öffnen. Es gibt viele Geschichten über Taucher, die von der Mördermuschel gefangen wurden, aber es ist zweifelhaft, ob sie wahr sind. Die Muschel schließt ihre Schalen nur langsam. Wegen ihrer leuchtenden Färbung fällt sie im Korallenriff sehr auf.

ARKTISCHE MEERE

Die Polargebiete der Erde sind reich an Leben. Die eisigen Meere, die die Landmasse der Antarktis umgeben, sind die Heimat von Walen, Pinguinen, Kleinkrebsen und Fischen. Das Nordpolarmeer, dessen Eis ständig den Nordpol bedeckt, beherbergt ebenfalls zahllose Meerestiere.

Während der winterlichen Dunkelheit ist das Nordpolarmeer mit einer geschlossenen Eisdecke bedeckt, und wenig Licht oder Sonne erreicht das Wasser. Viele Meerestiere und Vögel ziehen nach Süden in wärmere Gebiete. Während der langen, hellen Tage des arktischen Sommers bricht das Eis auf. Plankton gedeiht in dem sich erwärmenden Oberflächenwasser und lockt Schwärme von Fischen an. Diese wiederum ziehen Raubtiere an – Eisbären und Robben, die sich auf Eisschollen treiben lassen. Wale wandern nordwärts zu diesen Nahrungsgründen. Doch der arktische Sommer dauert nicht lange. Wenn der Winter näher rückt, hören die kleinen Meerespflanzen auf zu wachsen. Das Tempo des Lebens verlangsamt sich in dem Maße, in dem die Nahrungsquellen schwinden.

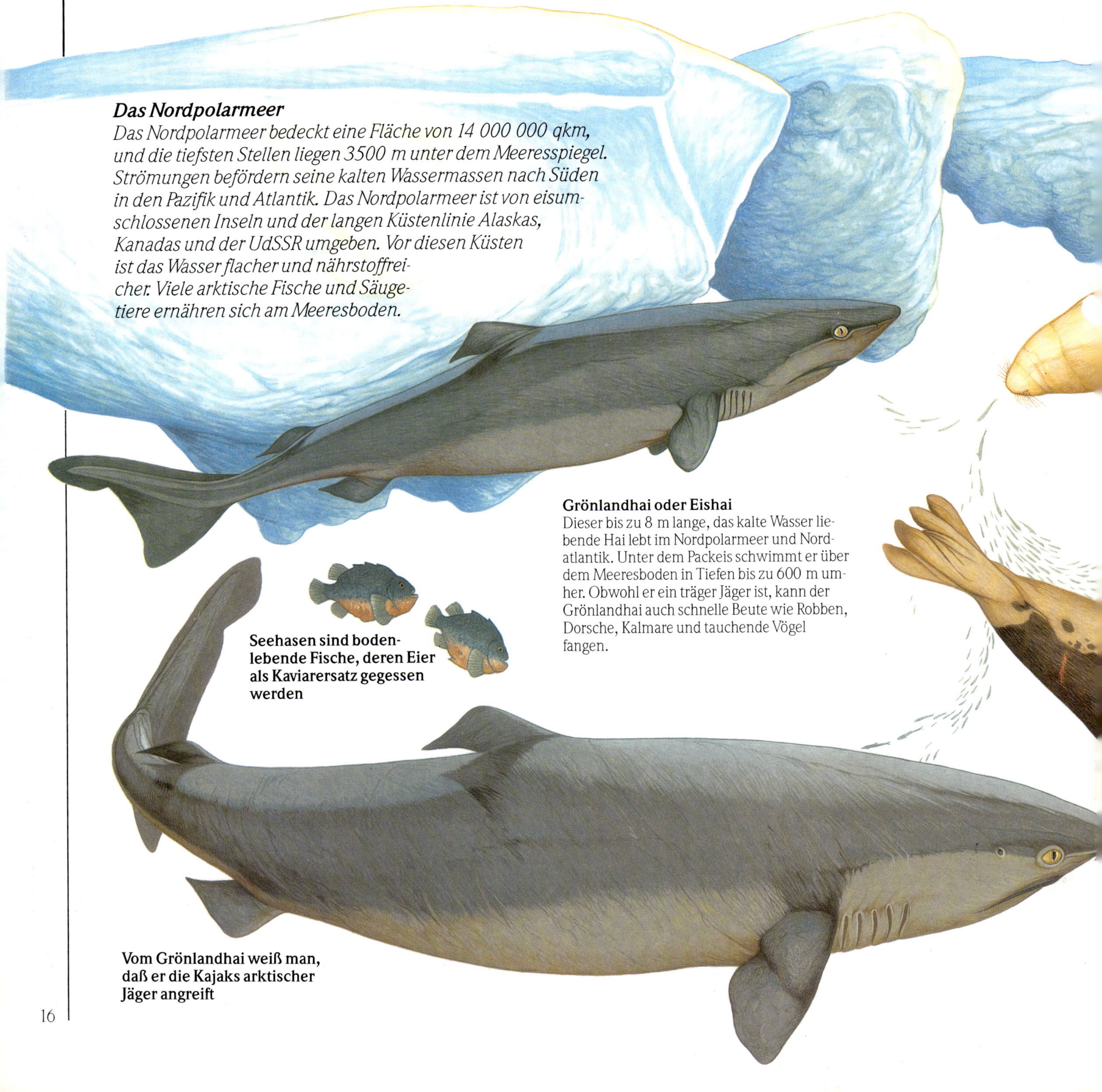

Das Nordpolarmeer

Das Nordpolarmeer bedeckt eine Fläche von 14 000 000 qkm, und die tiefsten Stellen liegen 3500 m unter dem Meeresspiegel. Strömungen befördern seine kalten Wassermassen nach Süden in den Pazifik und Atlantik. Das Nordpolarmeer ist von eisumschlossenen Inseln und der langen Küstenlinie Alaskas, Kanadas und der UdSSR umgeben. Vor diesen Küsten ist das Wasser flacher und nährstoffreicher. Viele arktische Fische und Säugetiere ernähren sich am Meeresboden.

Grönlandhai oder Eishai

Dieser bis zu 8 m lange, das kalte Wasser liebende Hai lebt im Nordpolarmeer und Nordatlantik. Unter dem Packeis schwimmt er über dem Meeresboden in Tiefen bis zu 600 m umher. Obwohl er ein träger Jäger ist, kann der Grönlandhai auch schnelle Beute wie Robben, Dorsche, Kalmare und tauchende Vögel fangen.

Seehasen sind bodenlebende Fische, deren Eier als Kaviarersatz gegessen werden

Vom Grönlandhai weiß man, daß er die Kajaks arktischer Jäger angreift

Eisbär
Der große, weiße Bär der Arktis wird bis zu 2,8 m lang und kann bis zu 700 kg schwer werden. Er ist ein Landsäugetier. Sein weißes Fell tarnt ihn im Schnee, die behaarten, krallenbewehrten Pranken geben ihm auf dem Eis guten Halt. Man kann den Eisbären mit gleichem Recht auch als Meerestier bezeichnen, da seine Vorderpfoten mit kleinen Schwimmhäuten versehen sind. Er ist ein kraftvoller Schwimmer und verbringt einen Großteil seiner Zeit auf dem Treibeis mit der Jagd auf Bartrobben und andere Meerestiere.

Robben
Robben oder Flossenfüßer sind Säugetiere, deren Vorder- und Hinterbeine sich zu Schwimmflossen umgewandelt haben. Eine Speckschicht, die den Körper umhüllt, hält sie im eisigen Wasser warm. In den arktischen Meeren leben 10 Arten von Flossenfüßern, die in drei Gruppen unterteilt werden: Walrosse, Seelöwen und Pelzrobben sowie Eigentliche Robben. Die Bartrobbe gehört zu den Eigentlichen Robben. Sie wird etwa 2,5 m lang und wiegt bis zu 90 kg.

Jagen in der Arktis
Plankton, Weichtiere und Krebse locken viele Fische in die arktischen Meere. Zu ihnen gehören Seeskorpione mit ihren stachligen, abgeplatteten Körpern sowie Scheibenbäuche und Seehasen. Sie alle werden von Robben wie der 1,9 m langen Sattelrobbe gejagt.

Scheibenbäuche sind Fische mit weichem Körper, die sich von Garnelen ernähren

FANGARMTERROR

In den Tiefen des offenen Ozeans gibt es ungeheuer große Weichtiere mit nachschleppenden Armen, blauem Blut und riesigen Augen. Riesenkalmare sind die größten Tiere, die keine Wirbelsäule haben. Ihr weicher Körper wird statt dessen von innen durch ein horniges Gebilde gestützt. Wie die Kraken und Tintenfische gehören die Kalmare zu einer Gruppe von Weichtieren, die man Kopffüßer nennt. Acht Arme und zwei längere Fangarme setzen am Kopf an, der mit dem torpedoförmigen Körper verwachsen ist.

Es gibt etwa 350 Arten von Kalmaren. Die meisten bewohnen den offenen Ozean, einige kommen aber auch in Küstengewässern vor. Alle Kalmare sind Jäger, die sich von kleinen Fischen und anderen Meerestieren ernähren. Sie wiederum werden von Haien und Seelöwen gefressen. Viele Kalmare werden von Menschen als Nahrung gefangen.

Das Monster lebt!
Über Hunderte von Jahren brachten die Seeleute von ihren Reisen Geschichten von Seeungeheuern mit langen, gefährlichen Armen mit. Kaum jemand glaubte ihnen. Dann wurde der Riesenkalmar entdeckt. Dieses Tier kann eine Länge von 18 m und ein Gewicht von 250 kg erreichen. Das Ungeheuer gibt es also wirklich!

Eine tödliche Schlacht
Das einzige Tier in den Tiefen des Meeres, das einen Riesenkalmar angreifen würde, ist ein männlicher Pottwal. Mit bis zu 20 m Länge ist er der größte Zahnwal. Er kann ein Beutetier von über 200 kg mit einem Mal verschlingen. Pottwalweibchen fressen kleinere Arten von Kalmaren, aber auch verschiedene Fisch- und Krebsarten.

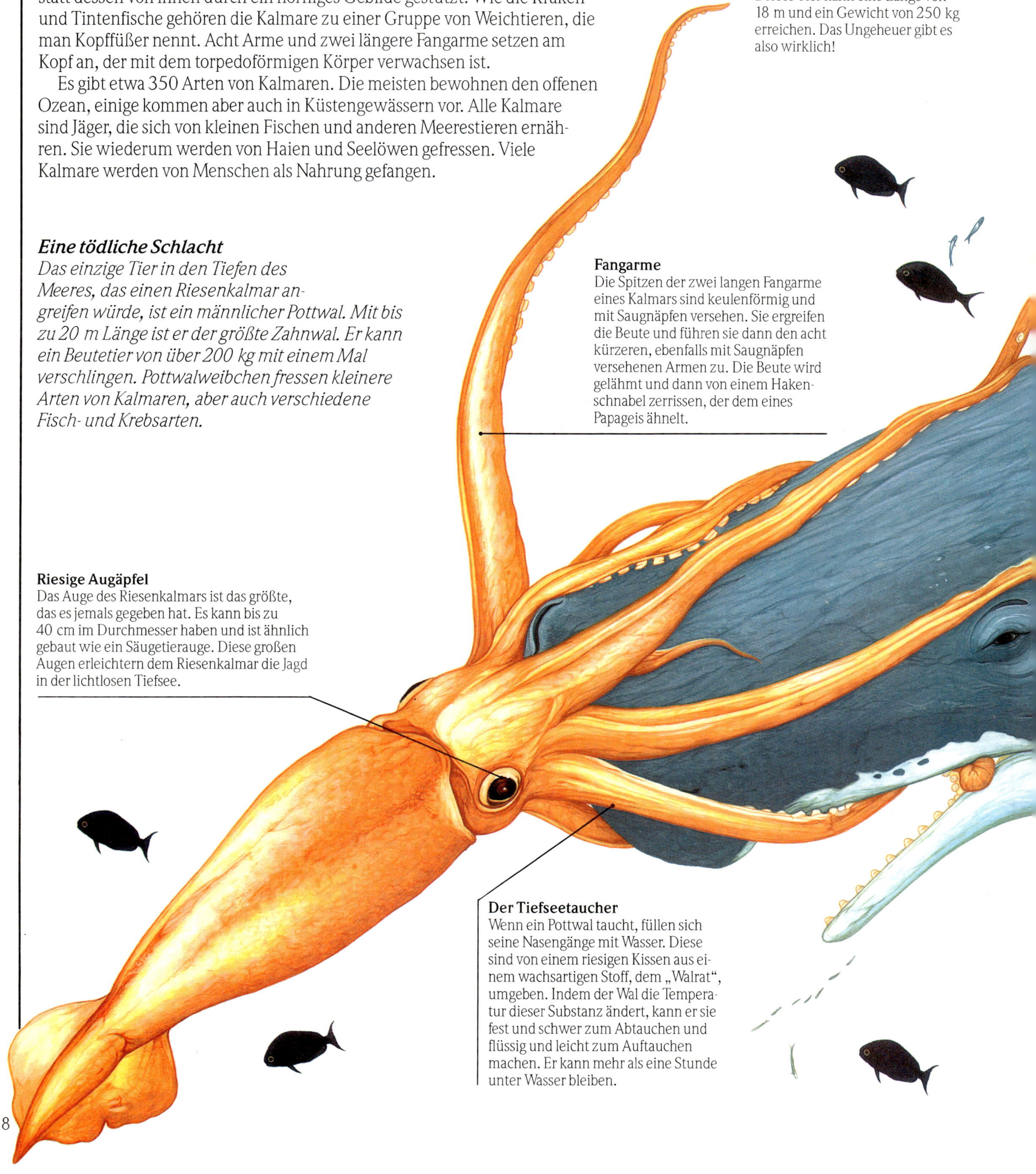

Fangarme
Die Spitzen der zwei langen Fangarme eines Kalmars sind keulenförmig und mit Saugnäpfen versehen. Sie ergreifen die Beute und führen sie dann den acht kürzeren, ebenfalls mit Saugnäpfen versehenen Armen zu. Die Beute wird gelähmt und dann von einem Hakenschnabel zerrissen, der dem eines Papageis ähnelt.

Riesige Augäpfel
Das Auge des Riesenkalmars ist das größte, das es jemals gegeben hat. Es kann bis zu 40 cm im Durchmesser haben und ist ähnlich gebaut wie ein Säugetierauge. Diese großen Augen erleichtern dem Riesenkalmar die Jagd in der lichtlosen Tiefsee.

Der Tiefseetaucher
Wenn ein Pottwal taucht, füllen sich seine Nasengänge mit Wasser. Diese sind von einem riesigen Kissen aus einem wachsartigen Stoff, dem „Walrat", umgeben. Indem der Wal die Temperatur dieser Substanz ändert, kann er sie fest und schwer zum Abtauchen und flüssig und leicht zum Auftauchen machen. Er kann mehr als eine Stunde unter Wasser bleiben.

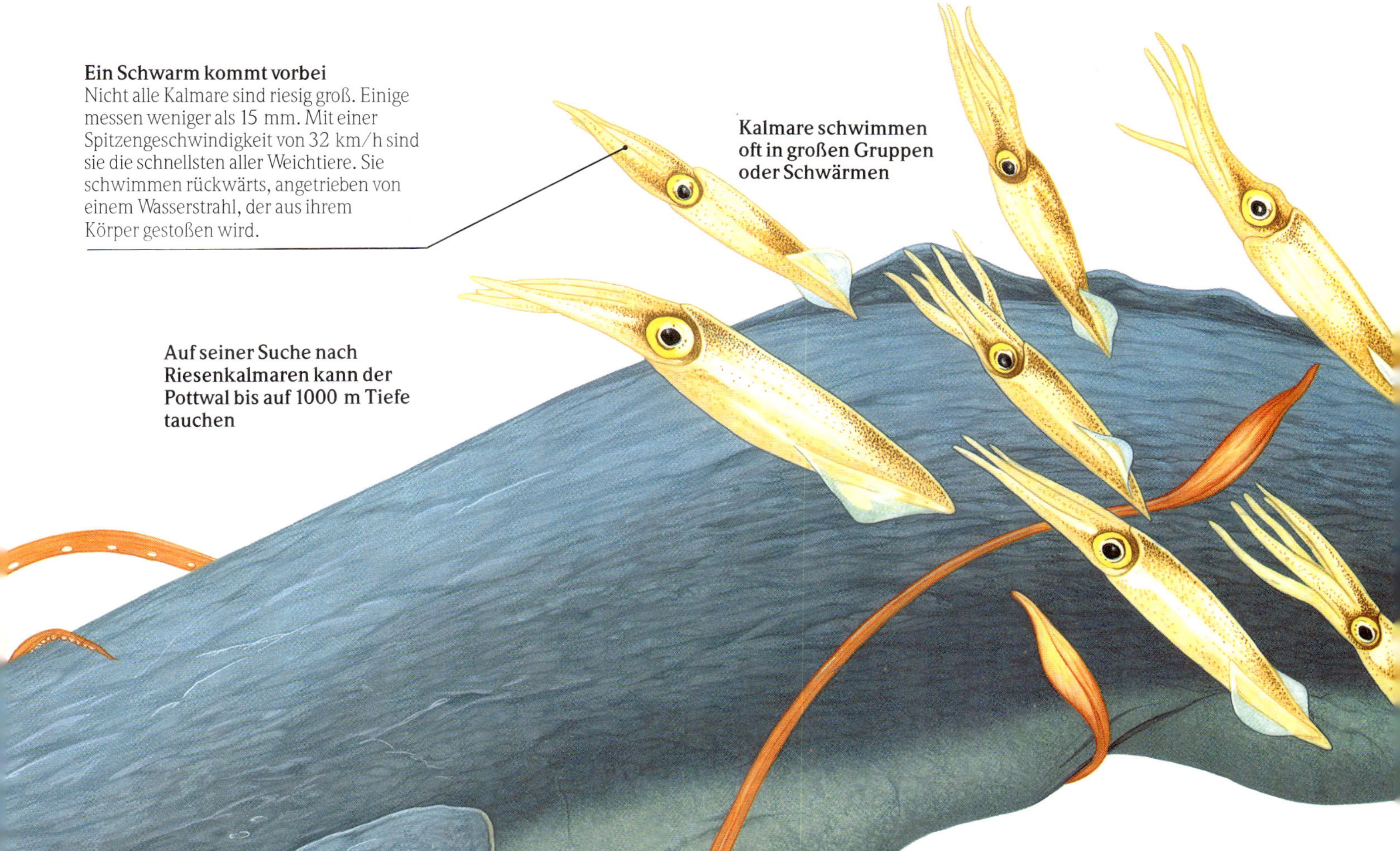

Ein Schwarm kommt vorbei
Nicht alle Kalmare sind riesig groß. Einige messen weniger als 15 mm. Mit einer Spitzengeschwindigkeit von 32 km/h sind sie die schnellsten aller Weichtiere. Sie schwimmen rückwärts, angetrieben von einem Wasserstrahl, der aus ihrem Körper gestoßen wird.

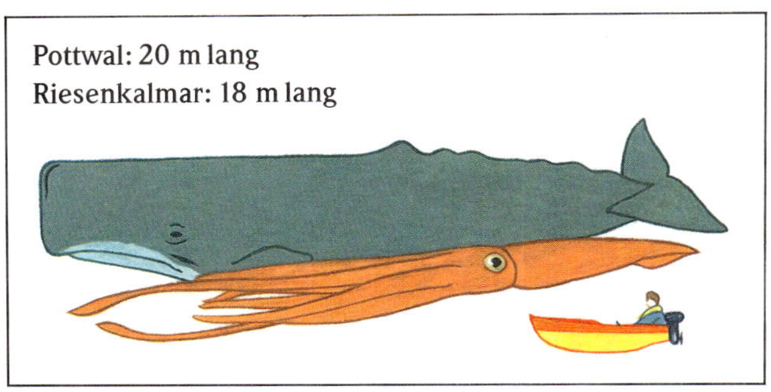

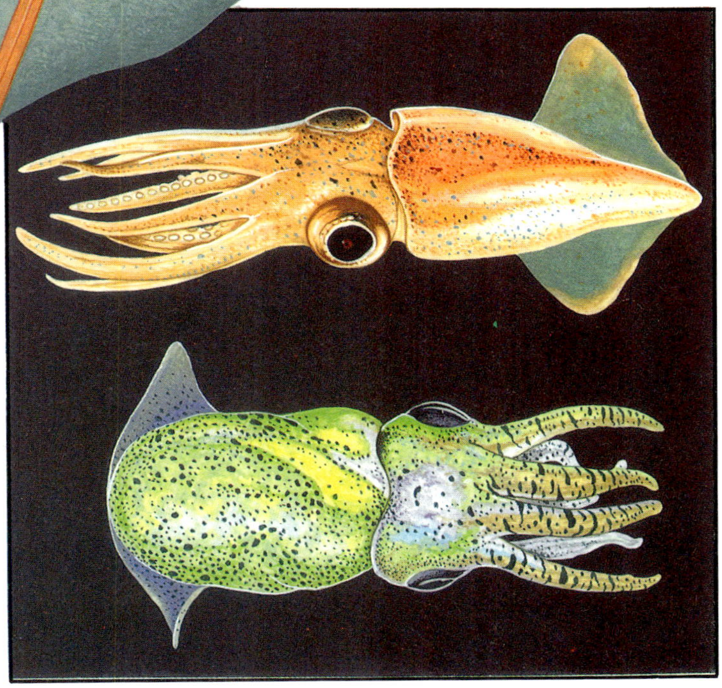

Ein schneller Wechsel
Viele Tiere können ihre Farbe ändern. Dies kann zur Tarnung dienen, indem sie mit dem Hintergrund verschmelzen oder Jäger und Beutetiere verwirren. Die meisten ändern ihre Farbe, wenn Botenstoffe, die man Hormone nennt, in den Blutkreislauf kommen. Kalmare jedoch benutzen keine Hormone. Ihre Farbzellen werden durch Muskeln, die unter der direkten Kontrolle des Gehirns stehen, betätigt. Dadurch können sie ihre Farbe sehr schnell wechseln.

Wegelagerer

Kraken lauern in Winkeln und Spalten oder verstekken sich im Seetang in Höhlen und Riffen. Sie haben acht mit Saugnäpfen bewehrte Arme, mit denen sie Krebse und Fische fangen. Ihre Beute lähmen Kraken mit einem tödlichen Nervengift. Die Arme werden auch zum Spazierengehen auf dem Meeresgrund benutzt.

Der Nautilus besitzt ein einfaches Auge, das wie eine Lochkamera arbeitet. Höhere Kopffüßer aber haben Augen, die denen der Säugetiere ähneln.

Der Riesennerv des Nautilus leitet Meldungen zum Gehirn

Perlboote im Pazifik
Das Perlboot, auch Nautilus genannt, ist ein Verwandter des Kraken. Sein Körper wird von einer äußeren, gewundenen Schale geschützt. In ihr befinden sich gasgefüllte Kammern, die das Tier in der Schwebe halten. Die äußerste größte Kammer enthält den Weichkörper des Perlboots. Seine Fangarme tragen keine Saugnäpfe.

Herrscher des Riffs
Es gibt 150 Krakenarten, von denen viele in warmen, tropischen Gewässern leben. Die größten aber leben im Nordpazifik. Manche haben 7 m lange Arme und Körper von 3,5 m Länge. Weibliche Kraken legen viele tausend Eier.

Dieser im Pazifik lebende Krake hat kräftige Saugnäpfe, mit denen er Beutetiere festhält oder Feinde umklammert

Der Gewöhnliche Tintenfisch
Tintenfische leben im Atlantik, in der Nordsee und im Mittelmeer. Im Weichkörper besitzen sie eine kalkige Platte, den Schulp, die ihnen Auftrieb gibt. Sie haben acht Arme und zwei längere Fangarme. Der Körper wird von einer Flosse gesäumt. Um schnell schwimmen zu können, stößt der Tintenfisch einen Wasserstrahl aus.

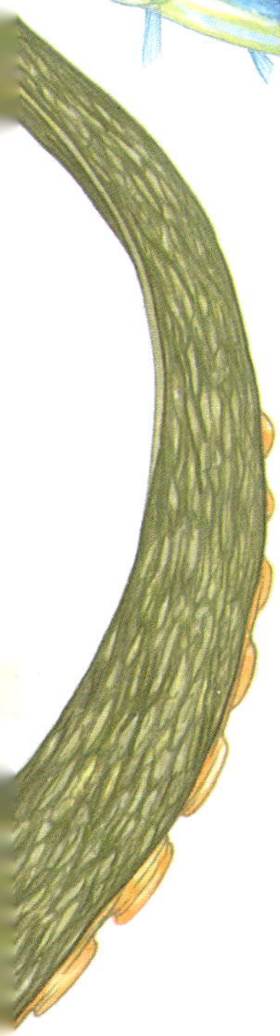

Im Körper eines Tintenfisches befindet sich eine flache Platte mit gasgefüllten Hohlräumen, der Schulp. Indem das Tier die Gasmenge in dem Schulp ändert, kann es im Wasser absinken oder aufsteigen.

Eine Tintenwolke

Kraken, Kalmare und Tintenfische können Wolken einer dunklen, tintenartigen Flüssigkeit ausstoßen. Das machen sie, wenn sie von einem Feind gejagt werden. Die Wolke verwirrt ihn, weil er nun nicht mehr weiß, ob er der Wolke oder dem Tier folgen soll. Vielleicht gibt es auch Substanzen in der Tinte, die den Verfolger anziehen und ihn so von seiner Beute ablenken. Früher wurde diese dunkelbraune Flüssigkeit der Tintenfische gesammelt und zu Tinte und Farbstoffen verarbeitet. Die Farbe nannte man „Sepia".

Um sich noch besser zu tarnen, können Kopffüßer ihre Farbe ändern

Kraken benutzen ihre Saugnäpfe, um Beute zu ihren Hakenschnäbeln zu ziehen

Auf der Lauer
Der Gewöhnliche Krake kommt in vielen Teilen der Welt vor. Normalerweise mißt er 30 cm von Armspitze zu Armspitze. Sein beutelförmiger Körper enthält ein großes Gehirn. Kraken sind die intelligentesten Weichtiere und geschickte Jäger.

Ein Krake knackt die Schale von Taschenkrebsen, indem er sie mit seiner rauhen Raspelzunge oder Radula bearbeitet

Der Blaugeringte Krake kann von Armspitze zu Armspitze 15 cm messen

Mit tödlichem Gift
Der giftigste Krake ist eine kleine, mit blauen Ringen geschmückte Art, die an der Pazifikküste Australiens lebt. Sein Biß überträgt ein tödliches Gift, das das menschliche Nervensystem angreift. Es ist schon vorgekommen, daß Opfer daran gestorben sind.

SCHEREN!

Eines der eigenartigsten Lebewesen, das am Strand und auf dem Meeresgrund lebt, hat Augen auf Stielen, läuft seitwärts und trägt zwei kräftige Scheren. Es gibt 4500 Arten von Krabben. Wie die Hummer und Garnelen gehören sie zu den Krebstieren. Die meisten Krabben haben weiche Körper, die von einer Schale geschützt werden. Die größte Krabbe ist die Japanische Seespinne, deren Beine 3,5 m überspannen. Die kleinste ist der 6 mm große Muschelwächter, der im Inneren von Austern und Muscheln lebt.

Echte Krabben haben acht Beine und Scheren. Auf der Suche nach toten Tieren und anderer Nahrung krabbeln sie über den Meeresgrund. Einige jagen lebende Beute, andere sind Pflanzenfresser.

Leichte Beute

Eine Geisterkrabbe greift ein Meeresschildkrötenbaby auf seinem Weg zum Meer an. Meeresschildkröten legen ihre Eier in den warmen Sand oberhalb der Gezeitenlinie. Wenn die Jungen ausschlüpfen, krabbeln sie über den Strand zum Wasser. Auf diesem Weg fallen viele Seevögeln und Krabben zum Opfer.

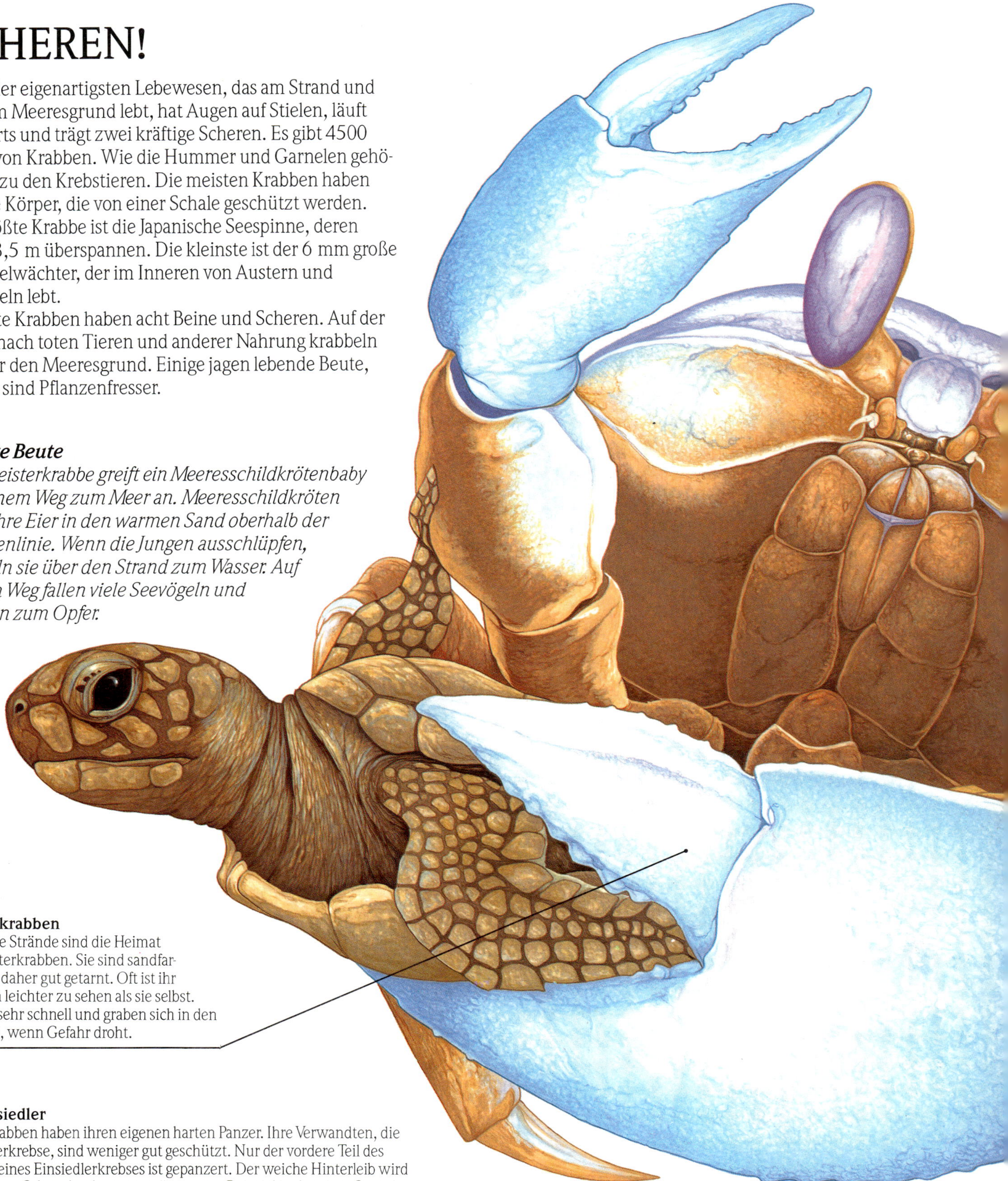

Geisterkrabben
Tropische Strände sind die Heimat der Geisterkrabben. Sie sind sandfarben und daher gut getarnt. Oft ist ihr Schatten leichter zu sehen als sie selbst. Sie sind sehr schnell und graben sich in den Sand ein, wenn Gefahr droht.

Die Einsiedler
Echte Krabben haben ihren eigenen harten Panzer. Ihre Verwandten, die Einsiedlerkrebse, sind weniger gut geschützt. Nur der vordere Teil des Körpers eines Einsiedlerkrebses ist gepanzert. Der weiche Hinterleib wird in ein leeres Schneckenhaus gezwängt, zum Beispiel in das einer Strand- oder Wellhornschnecke. Wenn er heranwächst, muß sich der Krebs ein größeres Schneckengehäuse suchen.

Signale geben
Männliche Winkerkrabben besitzen eine Schere, die viel größer ist als die andere. Die kleinere verwenden sie beim Fressen, mit der größeren geben sie Zeichen. Entweder winken sie damit den Weibchen zu, um sie anzulocken, oder sie schrecken damit männliche Rivalen ab.

Winkerkrabben sind normalerweise kleiner als 3 cm

Strandsoldaten

Bei ablaufendem Wasser marschieren mitunter Armeen von Soldatenkrabben über den Strand und sieben den Sand auf der Suche nach Futter durch. Sie schaufeln ihn mit den Scheren in die Mundöffnung. Die winzigen Nahrungsteilchen werden verschluckt, der Sand zu Kügelchen geformt und ausgespuckt. Bei auflaufendem Wasser finden die Sandkügelchen eine gute Verwendung: Die Krabben graben sich ein und überdachen das Loch damit.

Soldatenkrabben gehen nicht seitwärts wie andere Krabben, sondern vorwärts.

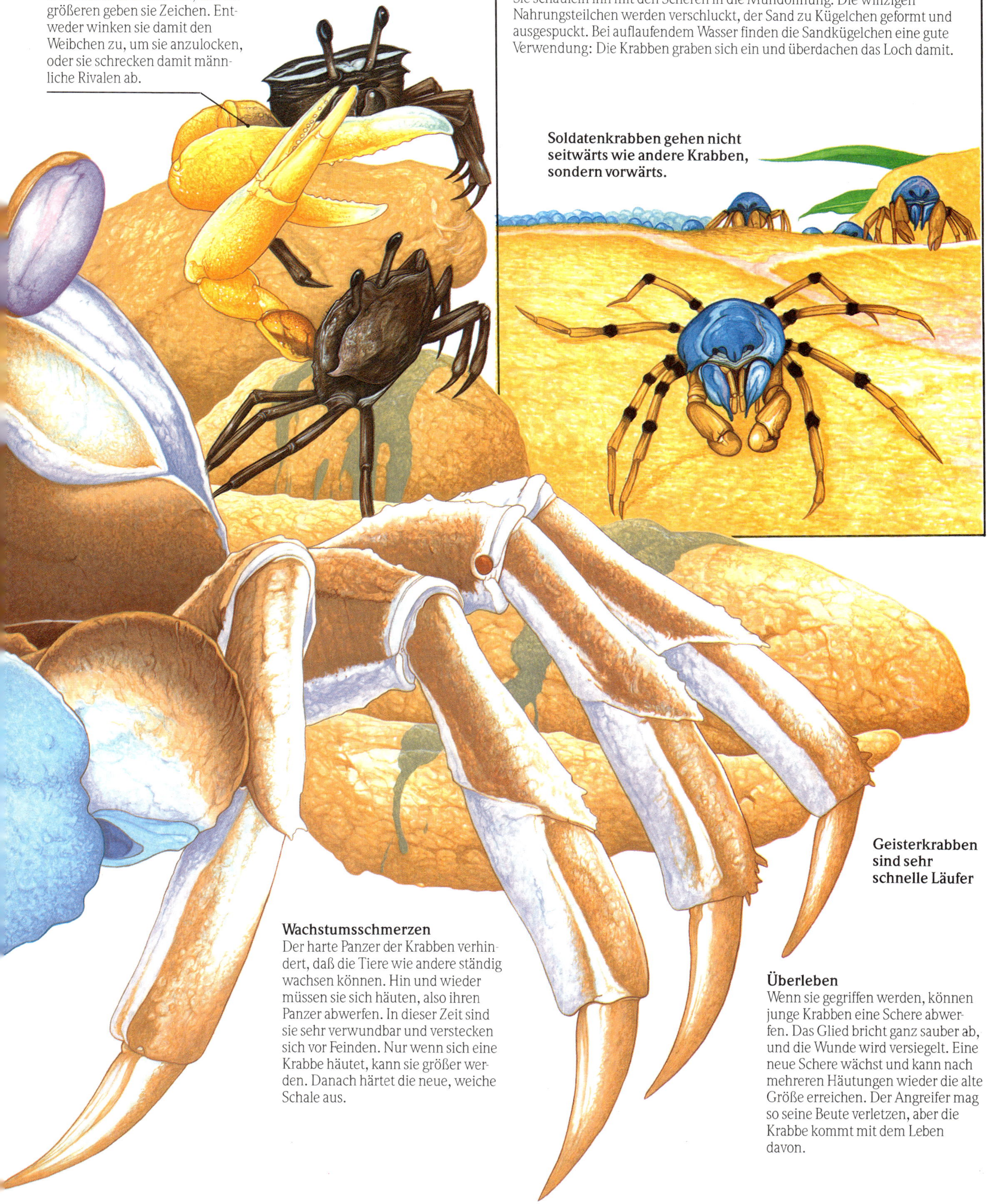

Geisterkrabben sind sehr schnelle Läufer

Wachstumsschmerzen
Der harte Panzer der Krabben verhindert, daß die Tiere wie andere ständig wachsen können. Hin und wieder müssen sie sich häuten, also ihren Panzer abwerfen. In dieser Zeit sind sie sehr verwundbar und verstecken sich vor Feinden. Nur wenn sich eine Krabbe häutet, kann sie größer werden. Danach härtet die neue, weiche Schale aus.

Überleben
Wenn sie gegriffen werden, können junge Krabben eine Schere abwerfen. Das Glied bricht ganz sauber ab, und die Wunde wird versiegelt. Eine neue Schere wächst und kann nach mehreren Häutungen wieder die alte Größe erreichen. Der Angreifer mag so seine Beute verletzen, aber die Krabbe kommt mit dem Leben davon.

IN DER KLEMME

Hummer gehören mit zu den größten Krebstieren. Der Amerikanische oder Nordatlantische Hummer kann einschließlich seiner Scheren über 1 m lang werden und über 11 kg wiegen. Die größten Europäischen Hummer erreichen ungefähr 8 kg. Sie werden in großer Zahl für unsere Ernährung gefangen, sind dann aber meist erheblich kleiner.

Hummer sind langlebig und können ein Alter von 100 Jahren erreichen. Sie haben 10 Beine, das vorderste Paar trägt große Scheren. Zwei lange Fühler oder Antennen nehmen Erschütterungen wahr und warnen sie vor herannahender Gefahr, kürzere Borsten reagieren auf chemische Substanzen im Meerwasser. Die meisten Hummer finden sich an Felsküsten, wo sie bis in eine Tiefe von 110 m leben. Hier verstecken sie sich in Winkeln und Spalten, die sie nur nachts verlassen, um am Meeresboden Nahrung zu suchen.

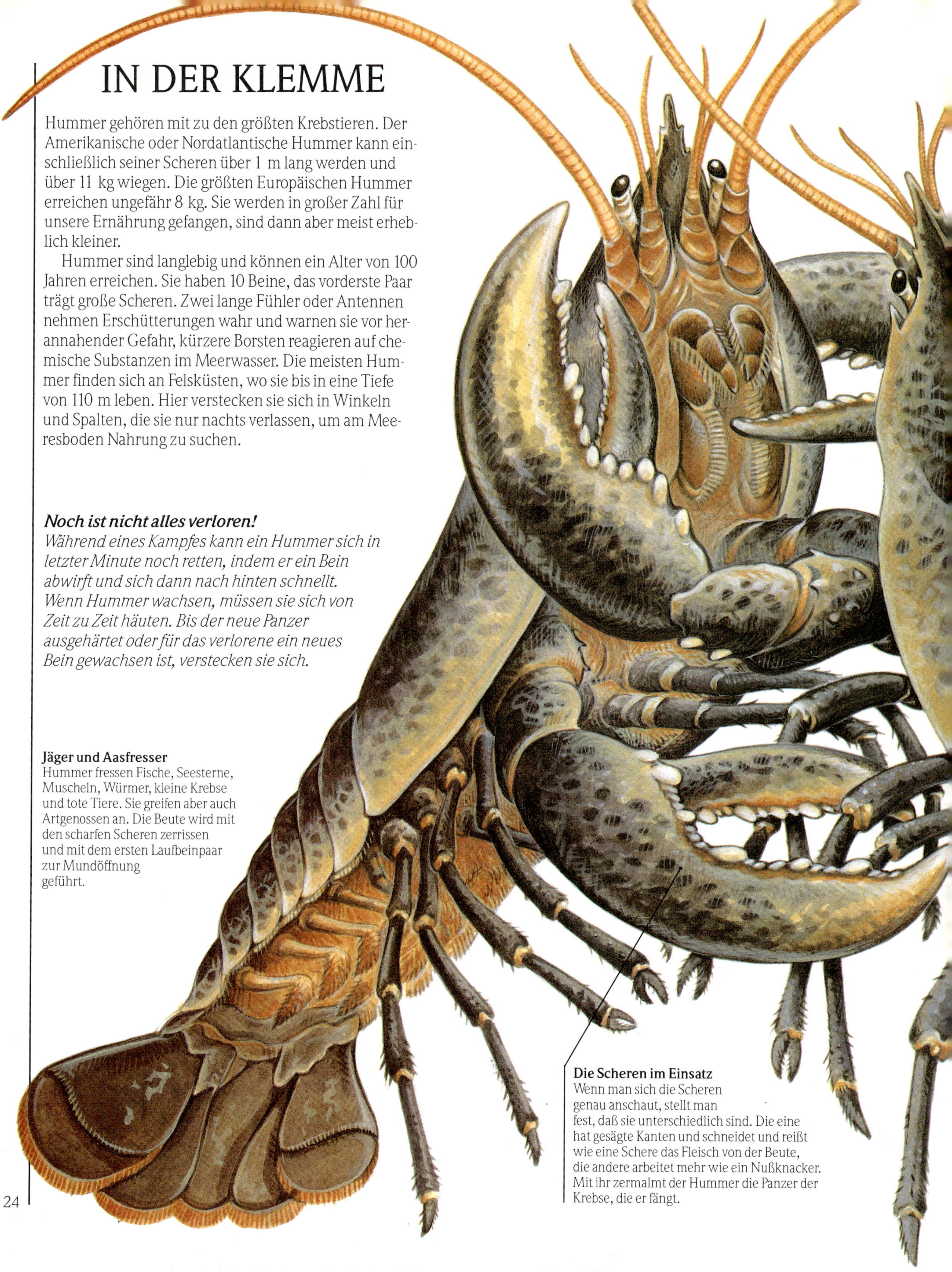

Noch ist nicht alles verloren!

Während eines Kampfes kann ein Hummer sich in letzter Minute noch retten, indem er ein Bein abwirft und sich dann nach hinten schnellt. Wenn Hummer wachsen, müssen sie sich von Zeit zu Zeit häuten. Bis der neue Panzer ausgehärtet oder für das verlorene ein neues Bein gewachsen ist, verstecken sie sich.

Jäger und Aasfresser

Hummer fressen Fische, Seesterne, Muscheln, Würmer, kleine Krebse und tote Tiere. Sie greifen aber auch Artgenossen an. Die Beute wird mit den scharfen Scheren zerrissen und mit dem ersten Laufbeinpaar zur Mundöffnung geführt.

Die Scheren im Einsatz

Wenn man sich die Scheren genau anschaut, stellt man fest, daß sie unterschiedlich sind. Die eine hat gesägte Kanten und schneidet und reißt wie eine Schere das Fleisch von der Beute, die andere arbeitet mehr wie ein Nußknacker. Mit ihr zermalmt der Hummer die Panzer der Krebse, die er fängt.

Langusten haben keine großen Scheren. Sie besitzen aber sehr lange Antennen.

Der lange Marsch
Manche Langusten unternehmen in jedem Jahr lange Wanderungen. Vor der Küste Floridas (USA) ziehen sie nach den ersten Winterstürmen südwärts. In bis zu 60 Stück starken Reihen wandern sie 50 km über den Meeresboden; dabei halten sie Kontakt miteinander, indem sie sich ständig berühren. Wahrscheinlich tun sie das, um sich vor Angreifern oder starken Strömungen zu schützen.

Entfernte Verwandte

Furchenkrebse, die mehr den Einsiedlerkrebsen ähneln, sind entfernte Verwandte der Eigentlichen Hummer. Es sind kleine Krebstiere mit breiten, abgeflachten Körpern, die mit Stacheln besetzt sind. Der Kaisergranat, auch Scampi genannt, lebt in Röhren. Viele verschiedene kleine Krebstiere, die man als Nahrung fängt, werden als „Garnelen" oder „Shrimps" bezeichnet. Die Hummer und ihre Verwandten legen Eier, die das Weibchen unter ihrem Schwanz herumträgt. Wenn sie schlüpfen, schwimmen die Larven als Teil des Planktons umher.

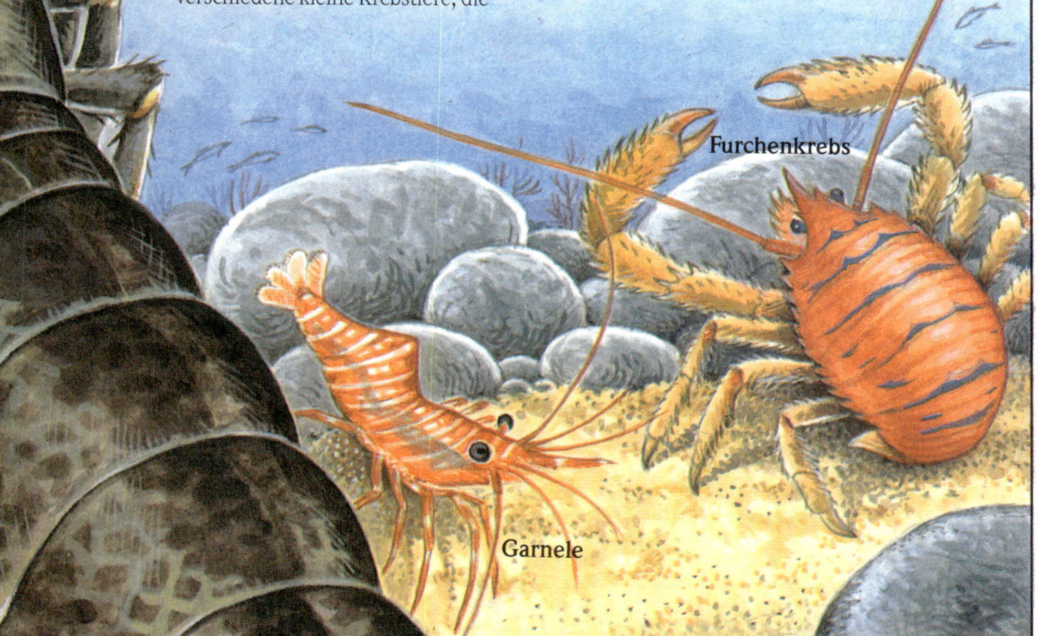

In Bewegung
Mit ihren vier Laufbeinpaaren eilen die Hummer über den Meeresgrund. Schwimmbeine unter dem Schwanz helfen bei der Vorwärtsbewegung. Indem er den Schwanz plötzlich umschlägt, kann sich der Hummer mit großer Geschwindigkeit nach hinten fortschnellen.

Gepanzerte Körper
Der weiche Körper des Hummers hat keine Knochen. Er wird von außen durch einen Panzer aus hartem, hornigem Material, dem Chitin, gestützt. Der hintere Teil oder Schwanz besteht aus sechs gelenkig miteinander verbundenen Einzelteilen.

TÖDLICHE VERTEIDIGUNGSWAFFEN

Nesselzellen, Fangarme, Giftpfeile, Zellen, die Elektroschocks austeilen – die Waffen der Meerestiere sind zahlreich und vielfältig. Oft sind sie tödlich. Die meisten werden nur zur Selbstverteidigung eingesetzt, manche aber auch, um Beute zu töten oder zu betäuben. Tritt man versehentlich auf den tropischen Steinfisch, so kann das Nervengift, das aus seinen Stacheln spritzt, tödlich wirken. Ihre lang herabhängenden Tentakeln benutzen viele Quallen, um kleine Fische zu fangen.

Einige Fischarten erzeugen in ihrem Körper Elektrizität. Sie kann als Waffe dienen, aber ebenso bei der Orientierung in dunklen Gewässern eingesetzt werden. Manche Fische haben Körper, die giftig für andere Fische sind. Sie beißen oder stechen nicht, sind aber nicht eßbar.

Diese Meeresnacktschnecke lagert Nesselzellen in ihrem Rückenanhang

Giftige Nacktschnecken
Viele Meeresnacktschnecken geben Gift ab, wenn sie gestört werden. Einige können sogar die stechenden Nesselzellen von Quallen, die sie gefressen haben, wiederverwenden. Ihre leuchtenden Farben sollen andere Tiere vor ihnen warnen.

Gefährliche Gewässer
Meerestiere kommen mit Menschen selten in Berührung, aber die wenigen, die es tun, sind oft sehr gefährlich. Fechterschnecken leben im Flachwasser und spritzen ihren Opfern Gift durch hohle, wie Harpunen mit Widerhaken versehene Röhrchen ein. Einige Fechterschnecken können so den Tod eines Menschen innerhalb von vier oder fünf Stunden verursachen.

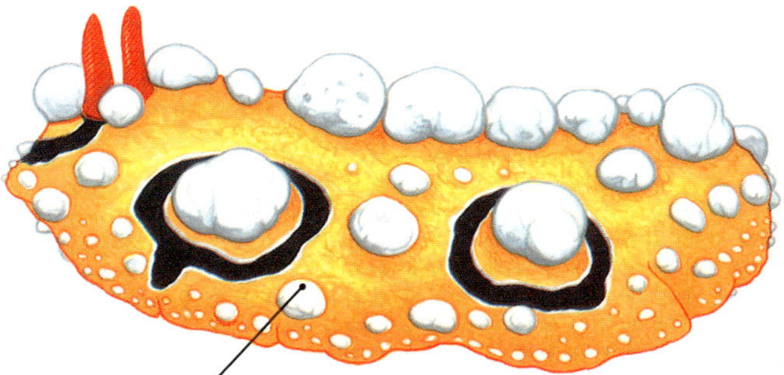

Einige Meeresnacktschnecken haben in ihrer Haut weiße Drüsen, die Giftstoffe abgeben, wenn das Tier angegriffen wird

Der Große Ährenfisch, Beute der Portugiesischen Galeere

Raubtier frißt Raubtier
Der Dornenkronen-Seestern frißt die lebenden Korallenpolypen und richtet so in Korallenriffs Zerstörungen an. Eines der wenigen Tiere, von dem bekannt ist, daß es den Seestern frißt, ist das Tritonshorn. Sobald sich die Schnecke einmal angesetzt hat, hat der Seestern wenig Chancen zu entkommen.

Dornenkronen-Seestern

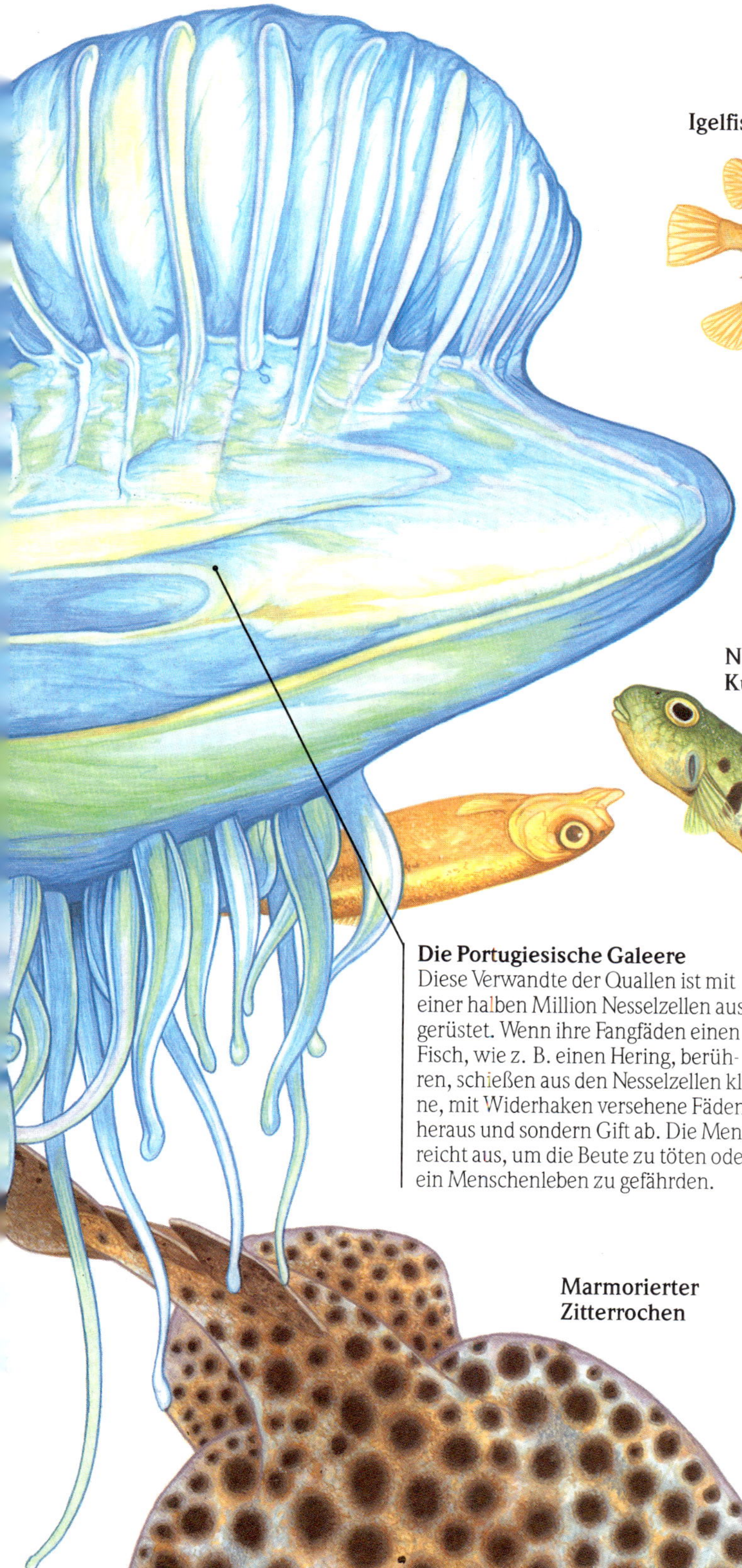

Die Kugelfische

Kugelfische sind mit Stacheln bedeckt. Werden sie bedroht, pumpen sie ihren Körper zum Zweifachen der normalen Größe auf. Viele erwachsene Kugelfische enthalten ein schreckliches Gift. Trotzdem werden sie in Japan gegessen. Wird der Fisch nicht sehr vorsichtig zubereitet, kann sein Verzehr tödlich sein!

Die Portugiesische Galeere

Diese Verwandte der Quallen ist mit einer halben Million Nesselzellen ausgerüstet. Wenn ihre Fangfäden einen Fisch, wie z. B. einen Hering, berühren, schießen aus den Nesselzellen kleine, mit Widerhaken versehene Fäden heraus und sondern Gift ab. Die Menge reicht aus, um die Beute zu töten oder ein Menschenleben zu gefährden.

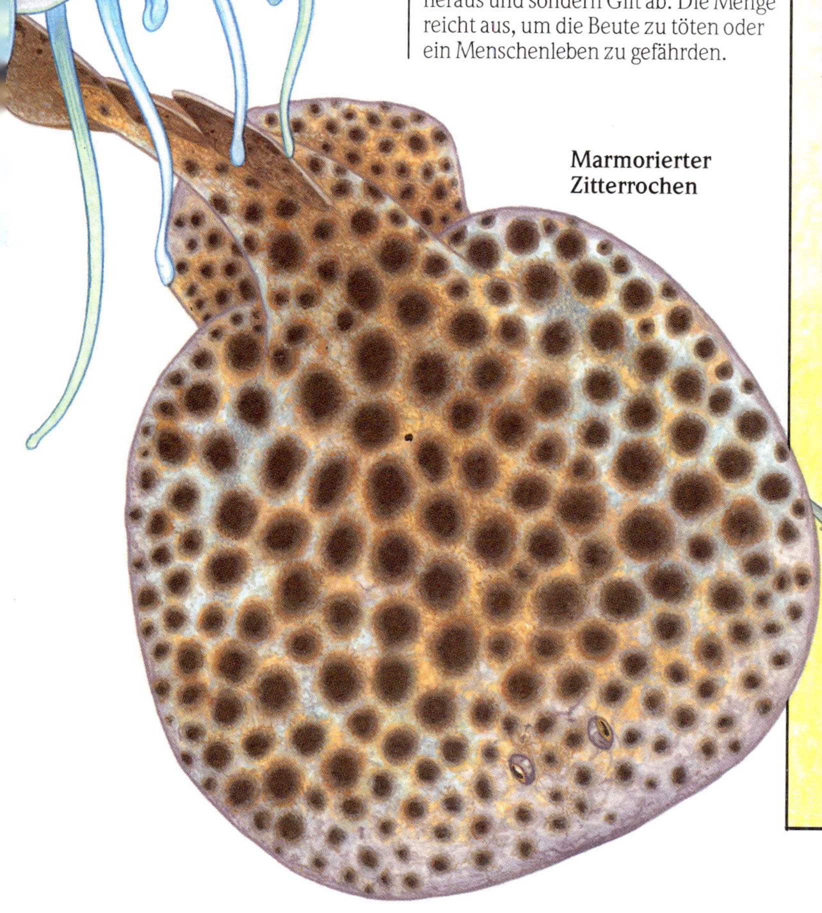

Zitterrochen

Rochen sind Verwandte der Haie. Ihre Körper sind groß und flach. Manche haben dünne, peitschenartige Schwänze, die mit Giftstacheln und elektrischen Zellen bewehrt sind. Zitterrochen haben scheibenförmige Körper, die ebenfalls zwei kraftvolle elektrische Organe enthalten. Sie können bis zu 220 Volt erzeugen, die ausreichen, um kleine Fische zu töten und Menschen einen Elektroschock zu versetzen.

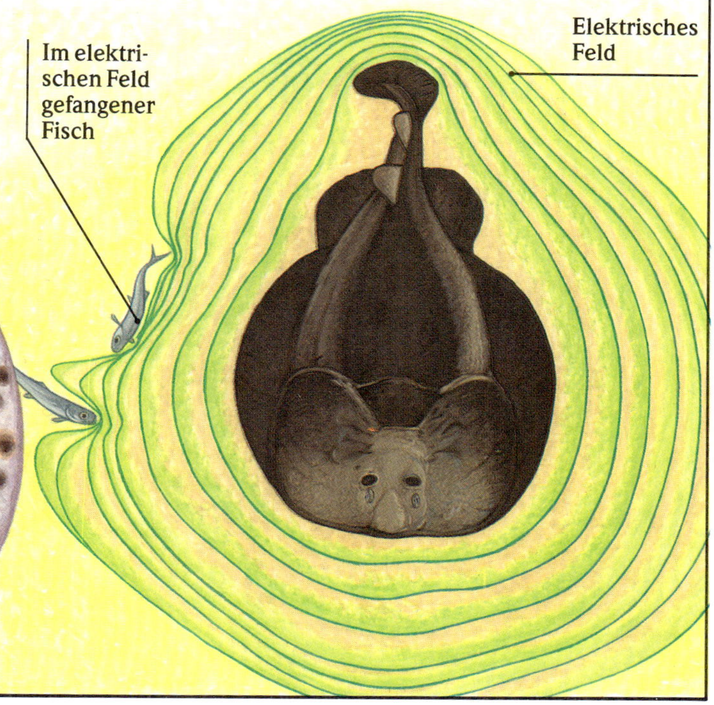

MÖRDER IM KORALLENRIFF

Die Nordostküste Australiens ist vom offenen Meer der Korallen-See durch ein 1900 km langes Riff geschützt. Diese Barriere wird durch die Kalkskelette unzähliger kleiner Tierchen, die man Polypen nennt, gebildet. Korallenpolypen sind winzige Lebewesen mit weichen Körpern, die auf dem Meeresboden Kolonien bilden. Viele von ihnen bauen ein hartes, steinartiges Netz um ihre Weichkörper. Die lebenden Kolonien sitzen auf den Überresten der toten. Sterben sie ab, bleibt ihre Kalkhülle zurück. Allmählich bilden sich so Riffe und Inseln.

Das Große Barriere-Riff ist das größte Korallenriff der Welt. Über 350 Korallenarten kommen hier vor. Viele bauen Strukturen, die wie wunderschön gefärbte Blumen, Äste, Fächer oder Kuppeln aussehen.

Ein dicht bevölkerter Lebensraum

Das klare, blaue, warme Wasser von Korallenriffen wimmelt von Leben. Hier gibt es rosafarbene Seeanemonen, gestreifte Fische und langbeinige Garnelen, auch Seesterne, Quallen und achtarmige Kraken. Das Große Barriere-Riff ist die Heimat von über 3000 Tierarten.

Dornenkrone

Trotz ihres kalkigen Panzers können sich dieKorallenpolypen nicht gegen den Dornenkronen-Seestern schützen. Dieser hat in den letzten Jahren große Teile des Barriere-Riffs zerstört.

Der tödliche Steinfisch

Der Steinfisch ist ein Meister der Selbstverteidigung. Sein Rücken ist mit giftigen Stacheln bewaffnet. Sein Körper ist mit Beulen bedeckt, durch deren Farbe er mit dem Riff verschmilzt. So ist der Fisch getarnt, wenn er auf Beute lauert.

Die Jäger der Riffe

Ein Grauer Riffhai schwimmt auf seinem Weg durch die Korallen vorbei. Er kommt in tropischen Lagunen vor und mißt von der Spitze seiner langen Schnauze bis zur kräftigen schwarzen Schwanzflosse 2,50 m. Es ist bekannt, daß er Menschen angreift, aber nur sehr selten.

Bunte Putzer

Markierungen, wie Flecken und Streifen, haben einen Sinn. Durch manche kann sich der Fisch im Seetang verstecken. Der blaue Streifen eines Putzerfisches, eine Lippfischart, zeigt größeren Fischen, daß es sich bei ihm nicht um einen „Feind“, sondern um einen „Freund“ handelt. Putzer fressen kleine Parasiten von den Kiemen anderer Fische, wie Zackenbarschen, und halten sie damit gesund.

Tier oder Pflanze?

Früher glaubte man, Schwämme seien Pflanzen. Doch jetzt weiß man, daß es einfache Tiere sind, die Nahrungsteilchen aus dem Wasser filtern. Manche Schwämme haben die Form von Röhren oder Körben, andere sind rund, verästelt oder flach.

FISCHE OHNE KIEFER

Inger und Neunaugen gehören zu den zwei primitivsten Fischgruppen, die heute noch vorkommen. In mancher Weise ähneln sie den ersten Fischen der Vorzeit sehr. Ihre aalförmigen Körper sind weich und schuppenlos. Ihr Skelett besteht aus Knorpel anstelle von Knochen. Sie besitzen weder Flossen noch Kiefer.

Über die Vorgeschichte dieser Kieferlosen ist wenig bekannt. Andere Fische haben uns ihre Knochen und Zähne im Schlamm des Meeresbodens hinterlassen. Über Millionen von Jahren wurde dieser Schlamm zu Gestein umgeformt und die Überreste zu Versteinerungen (Fossilien). Die Vorfahren der heutigen Kieferlosen Fische jedoch verschwanden ohne Spur, weil sie weich und knochenlos waren.

Es gibt 25 Arten von Ingern, die in den kälteren Meeren der Welt leben. Sie sind schleimige Lebewesen, die im Schlamm graben. Die 30 Arten der Neunaugen leben meist in Flüssen. Sie greifen besonders gerne sterbende Fische an.

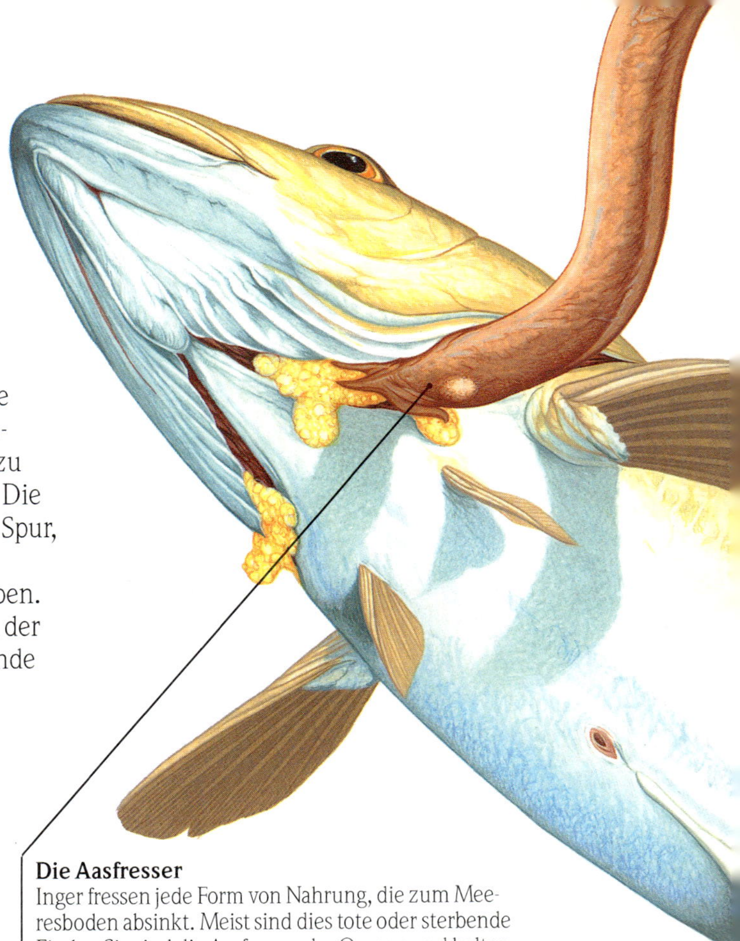

Vampire der Meere

Während ein sterbender Fisch zum Meeresboden absinkt, bohren sich die schaurigen Inger mit schlängelnden Bewegungen in seinen Körper. Die Meeres-Neunaugen sind ebensolche Vampire. Sie setzen sich an der Seite von lebenden Fischen fest und saugen ihr Blut. Mit Hilfe von Absonderungen verhindern sie das Gerinnen, so daß ihr Opfer oft verblutet.

Die Aasfresser
Inger fressen jede Form von Nahrung, die zum Meeresboden absinkt. Meist sind dies tote oder sterbende Fische. Sie sind die Aasfresser der Ozeane und halten den Meeresboden sauber. Manchmal jedoch töten sie selbst Fische, indem sie sich in die Kiemenöffnungen der Beute schlängeln, die dann im Schleim erstickt. Dann höhlen sie den Körper von innen aus.

Saugkopf
Der Kopf des Neunauges bildet eine Röhre, die in einem Saugnapf endet. In seiner Mitte befindet sich eine raspelnde, pumpende Zunge, umgeben von hornigen Zähnen. Der Saugmund wird an der Seite der Beute fest angeheftet. Auf diese Weise kann sich der Fisch auf seiner Reise stromaufwärts zum Laichen auch an Steinen festsaugen. Genau wie der Lachs vermehren sich auch Neunaugen im Süßwasser. Er hat eine Nasenöffnung vor und 7 Kiemenöffnungen hinter dem Auge, daher Neunauge.

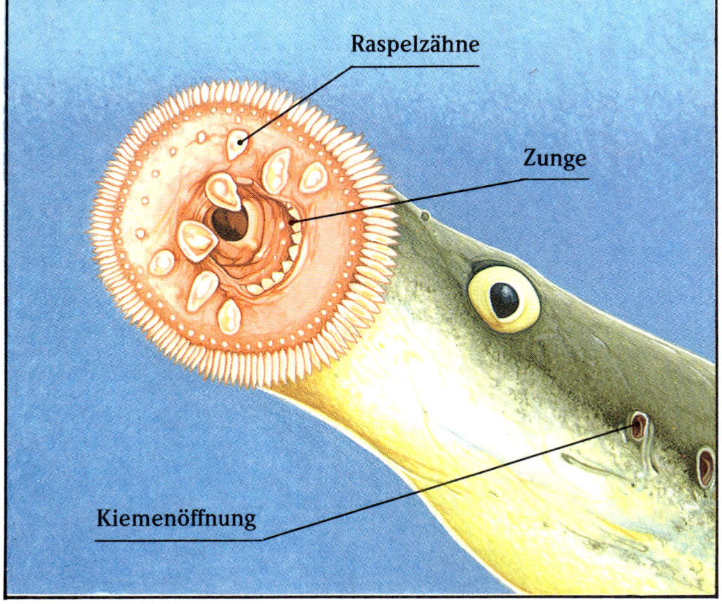

Neunaugen fressen an einem Buckellachs

Parasiten
Jedes Lebewesen, das ein anderes als Wohnung oder Futterlieferant ausnutzt, nennt man Parasit. Manche Tiere leben ihr ganzes Leben lang in anderen. Andere, wie das Meeres-Neunauge, schwimmen frei im Wasser umher. Sie heften sich lediglich zum Fressen an Fische an. Kleine Beute kann sterben, wenn Neunaugen an ihnen hängen, aber größere, wie Wale, bleiben am Leben.

Verknotet

Kieferlose Inger bilden eine Schlaufe aus sich selbst, während sie sich in ihre Beute hineingraben. Sie können sogar einen Knoten in ihren Körper machen, indem sie den Schwanz um ihren Körper herumlegen. Durch schlängelnde Bewegungen rutscht der Knoten den Körper entlang. Wenn der Kopf durch die Schlinge zurückgezogen wird, reißt er kleine Gewebestücke aus dem Opfer.

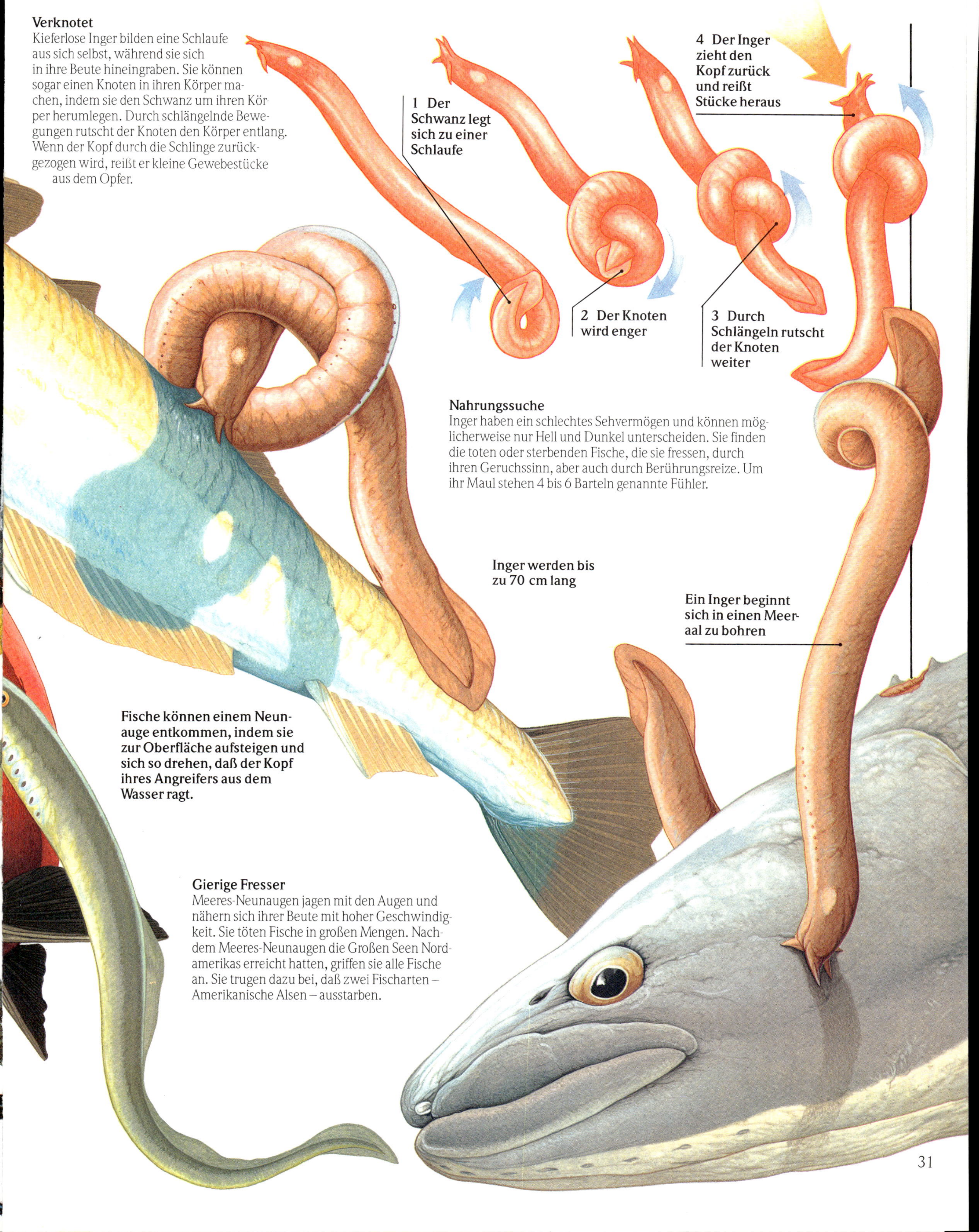

Nahrungssuche

Inger haben ein schlechtes Sehvermögen und können möglicherweise nur Hell und Dunkel unterscheiden. Sie finden die toten oder sterbenden Fische, die sie fressen, durch ihren Geruchssinn, aber auch durch Berührungsreize. Um ihr Maul stehen 4 bis 6 Barteln genannte Fühler.

Gierige Fresser

Meeres-Neunaugen jagen mit den Augen und nähern sich ihrer Beute mit hoher Geschwindigkeit. Sie töten Fische in großen Mengen. Nachdem Meeres-Neunaugen die Großen Seen Nordamerikas erreicht hatten, griffen sie alle Fische an. Sie trugen dazu bei, daß zwei Fischarten – Amerikanische Alsen – ausstarben.

HAI! HAI!

Ihre Kiefer sind mit gefährlichen Zähnen bestückt. Ihre stromlinienförmigen Körper schießen durch das Wasser. Ihr Erscheinen verursacht Panik, Badende hasten an das Ufer. Aber genau: Wie gefährlich sind Haie?

Genaugenommen sind die meisten völlig harmlos. Der unauffällige Katzenhai, der oft an unseren Stränden angespült wird, ist ein echter Hai, und keiner hat Angst vor ihm. Es gibt 300 oder mehr Haiarten, und nur 27 von ihnen stellen eine Gefahr für uns Menschen dar. Diese 27 Arten sind allerdings wirklich gefährlich – und einige von ihnen sind Mörder. Im Jahr wird von etwa 50 Haiangriffen berichtet, möglicherweise geschehen aber Hunderte mehr in entlegenen Gebieten der Welt, von denen man nie etwas erfährt. Zu den meisten Angriffen kommt es in tropischen Gewässern, wo Schiffbrüchige leicht umkommen können. Gefährliche Gebiete sind die Küsten von Nordamerika, Japan, Australien, Südasien und Afrika.

Kiefer
Wie die Neunaugen besitzen auch Haie ein Skelett aus Knorpel anstelle von Knochen. Anders als die Neunaugen haben Haie Kiefer. Auch wenn sie nicht aus Knochen bestehen, bedeutet dies nicht, daß sie schwach sind – im Gegenteil! Sie können eine Beute mit großer Kraft zerquetschen. Größere Haie können Stahlstangen verbiegen.

Katzenhai
Dies ist einer der kleineren Haie. Der Bunte Katzenhai ist nur 90 cm lang. Man kann ihn an seinen Flecken und dem dunklen Halsband erkennen. Er kommt in Tiefen um 160 m vor, wo er von Bodentieren lebt.

Blauhai
Dieser kräftige Hai mit blauem Rücken mißt 3,8 m und kommt in vielen Gebieten der Welt vor. Während der Sommermonate wandern Blauhaie über weite Entfernungen, von tropischen Gewässern bis vor die Küsten der Britischen Inseln und von Nordost-Amerika. Sie jagen Kalmare, sind aber auch dafür bekannt, daß sie Menschen töten.

Der Fuchshai
Fuchshaie haben eine riesige Schwanzflosse und werden bis zu 6 m lang. Sie bilden Gruppen im Nordatlantik und jagen kleine Fische, indem sie die Schwärme umzingeln. Dann peitschen sie das Wasser mit ihren Schwänzen und treiben sich die Fische gegenseitig ins Maul.

Fuchshaie sind für Menschen ungefährlich

Der Schwanz des Fuchshaies ist genausolang wie sein Körper

Der Große Hammerhai mißt 6 m

Der Hammerhai
Am ungewöhnlichsten sehen die Hammerhaie aus. Ihr Kopf gleicht einem breiten T; an jedem Ende des Querbalkens befindet sich ein Auge und ein Nasenloch. Vielleicht wird dadurch ihr Sehvermögen und ihr Geruchssinn verbessert, möglicherweise können sie so auch während der Beutejagd besser durch das Wasser steuern.

Verknotet

Kieferlose Inger bilden eine Schlaufe aus sich selbst, während sie sich in ihre Beute hineingraben. Sie können sogar einen Knoten in ihren Körper machen, indem sie den Schwanz um ihren Körper herumlegen. Durch schlängelnde Bewegungen rutscht der Knoten den Körper entlang. Wenn der Kopf durch die Schlinge zurückgezogen wird, reißt er kleine Gewebestücke aus dem Opfer.

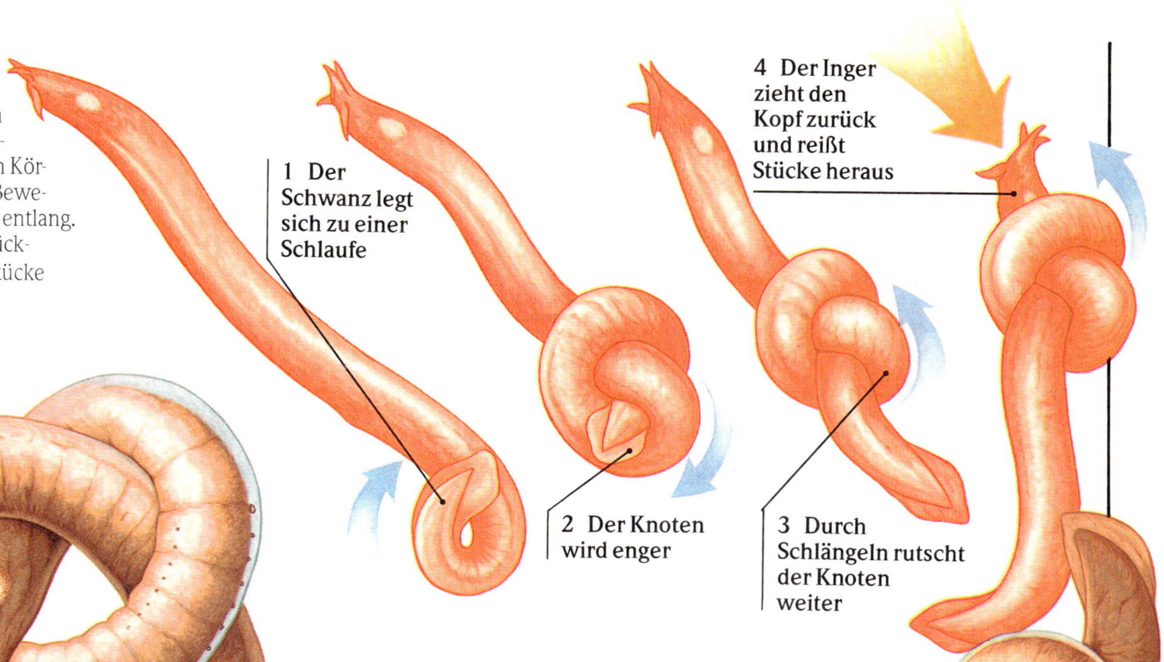

Nahrungssuche

Inger haben ein schlechtes Sehvermögen und können möglicherweise nur Hell und Dunkel unterscheiden. Sie finden die toten oder sterbenden Fische, die sie fressen, durch ihren Geruchssinn, aber auch durch Berührungsreize. Um ihr Maul stehen 4 bis 6 Barteln genannte Fühler.

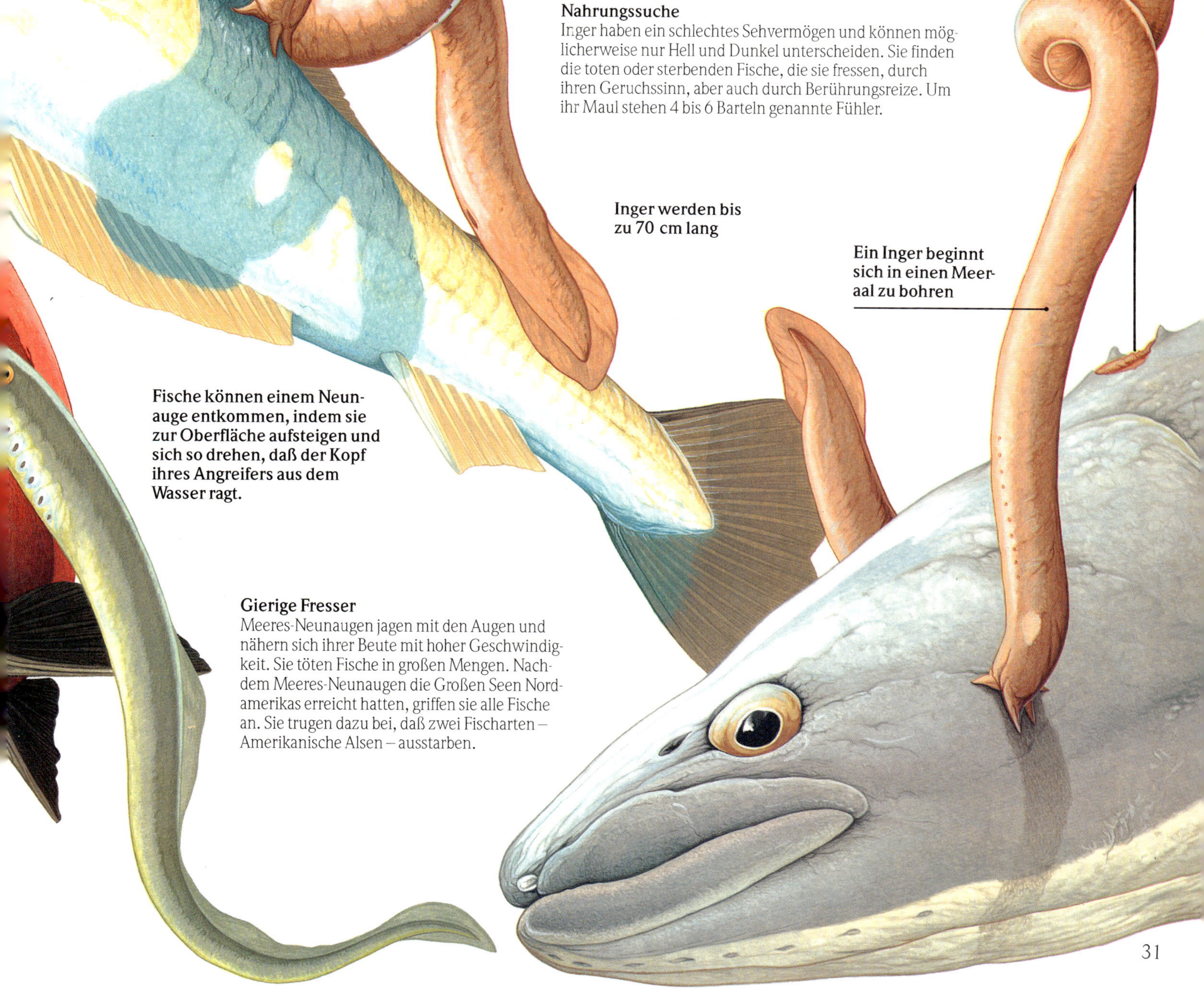

Fische können einem Neunauge entkommen, indem sie zur Oberfläche aufsteigen und sich so drehen, daß der Kopf ihres Angreifers aus dem Wasser ragt.

Gierige Fresser

Meeres-Neunaugen jagen mit den Augen und nähern sich ihrer Beute mit hoher Geschwindigkeit. Sie töten Fische in großen Mengen. Nachdem Meeres-Neunaugen die Großen Seen Nordamerikas erreicht hatten, griffen sie alle Fische an. Sie trugen dazu bei, daß zwei Fischarten – Amerikanische Alsen – ausstarben.

MEERESREPTILIEN

Die tropischen Gewässer des Pazifischen und Indischen Ozeans sind die Heimat von Seeschlangen.

Diese Reptilien haben das Leben auf dem Festland mit dem Leben im Meer vertauscht.

Es gibt 32 Seeschlangenarten. Manche leben in Riffen, während sich andere durch den sumpfigen Morast zwischen den Wurzeln der Mangroven schlängeln. Sie ernähren sich von Aalen und anderen kleinen Fischen, andere fressen Fischlaich. Die längste Seeschlange mißt 3 m, die meisten sind nur halb so lang. Manchmal kommen sie zusammen und bilden verflochtene, sich schlängelnde Massen, die in kleinen Flüssen treiben oder auf das Meer hinausschwimmen.

Die Eier vieler Seeschlangen schlüpfen im Körper des Muttertieres, so daß die Jungen im Ozean geboren werden. Andere Arten kehren zur Küste zurück und legen ihre Eier zwischen den Steinen und Pflanzen des Küstenstreifens ab.

Die giftigste Schlange der Welt

Von dem Gift der Belcher's Seeschlange, die in der Timor-See lebt, wird gesagt, es sei 100mal giftiger als das anderer Schlangen. Alle Seeschlangen sind giftig, aber Menschen werden selten angegriffen. Sie beißen nur zur Verteidigung oder um ihre Beute zu lähmen.

Plattschwanz

Nur die Schnauze dieser Seeschlange ist gelb. Der Körper, von glatten Schuppen bedeckt, ist blaugrau mit schwarzen Bändern. Sie lebt im Flachwasser und hält sich häufig am Ufer auf. Ihr Gift ist tödlich, aber bei einem Biß wird nur eine kleine Menge eingespritzt.

Seeungeheuer

Vor Hunderten von Jahren brachten Seefahrer, die die Ozeane der Welt erforschten, furchterregende Geschichten mit zurück. Sie berichteten von riesigen Seeungeheuern, die ihre Schiffe angriffen. Keine der heute lebenden Seeschlangen ist groß oder böse, daher haben sie vermutlich Seemannsgarn gesponnen. Möglicherweise haben die Seeleute die Fangarme von Riesenkalmaren gesehen.

Plättchen-Seeschlange

Seeschlangen haben kleine Köpfe, aber tödliche Giftzähne wie eine Kobra. Wenn die Schlange ihr Opfer beißt, spritzen diese Zähne das Gift der Giftdrüsen in den Körper. Plättchen-Seeschlangen verstecken sich in schwimmendem Seetang, töten Fische durch Giftbiß und schlucken sie im Stück herunter.

Die Plättchen-Seeschlange schluckt einen Doktorfisch

Das größte Reptil der Welt

Das Salzwasserkrokodil ist das größte Reptil der Welt. Von seiner zahnbewehrten Schnauze bis zur Spitze seines kräftigen, mit Knochenplatten gepanzerten Schwanzes kann es 8 m lang werden. Es ist ein berüchtigter Menschenfresser und lebt in Indien, Südostasien, Australien und auf einigen Inseln des Pazifischen Ozeans. Es lauert in Mangrovensümpfen und Prielen, wo es seine Jungen aufzieht. Man findet es jedoch auch im offenen Meer, mitunter 500 km vom Land entfernt.

Roter Kaiserfisch

Spezielle Drüsen, die rund um die Zunge der Seeschlange liegen, scheiden im Körper angehäuftes überschüssiges Salz aus

Plump-Seeschlange
Fischer fluchen, wenn diese Seeschlange in ihre Netze gerät. Ihr normalerweise harmloser Biß kann unter Umständen auch töten. Der kräftige Körper mit dunklen Flecken ist olivgrün. Die Männchen besitzen rauhe, dornige Schuppen.

Das Skelett einer Schlange
Das Skelett eines Tieres gibt uns viele Hinweise auf seine Lebensweise. Die lange Wirbelsäule einer Seeschlange besteht aus vielen Teilen, so daß schlängelnde Bewegungen beim Schwimmen möglich sind. Das Fehlen von Armen und Beinen und der kleine Schädel ermöglichen es der Schlange, sich in Spalten zu zwängen und durch Wurzelgewirr zu gleiten.

HAI! HAI!

Ihre Kiefer sind mit gefährlichen Zähnen bestückt. Ihre stromlinienförmigen Körper schießen durch das Wasser. Ihr Erscheinen verursacht Panik, Badende hasten an das Ufer. Aber genau: Wie gefährlich sind Haie?

Genaugenommen sind die meisten völlig harmlos. Der unauffällige Katzenhai, der oft an unseren Stränden angespült wird, ist ein echter Hai, und keiner hat Angst vor ihm. Es gibt 300 oder mehr Haiarten, und nur 27 von ihnen stellen eine Gefahr für uns Menschen dar. Diese 27 Arten sind allerdings wirklich gefährlich – und einige von ihnen sind Mörder. Im Jahr wird von etwa 50 Haiangriffen berichtet, möglicherweise geschehen aber Hunderte mehr in entlegenen Gebieten der Welt, von denen man nie etwas erfährt. Zu den meisten Angriffen kommt es in tropischen Gewässern, wo Schiffbrüchige leicht umkommen können. Gefährliche Gebiete sind die Küsten von Nordamerika, Japan, Australien, Südasien und Afrika.

Kiefer

Wie die Neunaugen besitzen auch Haie ein Skelett aus Knorpel anstelle von Knochen. Anders als die Neunaugen haben Haie Kiefer. Auch wenn sie nicht aus Knochen bestehen, bedeutet dies nicht, daß sie schwach sind – im Gegenteil! Sie können eine Beute mit großer Kraft zerquetschen. Größere Haie können Stahlstangen verbiegen.

Katzenhai
Dies ist einer der kleineren Haie. Der Bunte Katzenhai ist nur 90 cm lang. Man kann ihn an seinen Flecken und dem dunklen Halsband erkennen. Er kommt in Tiefen um 160 m vor, wo er von Bodentieren lebt.

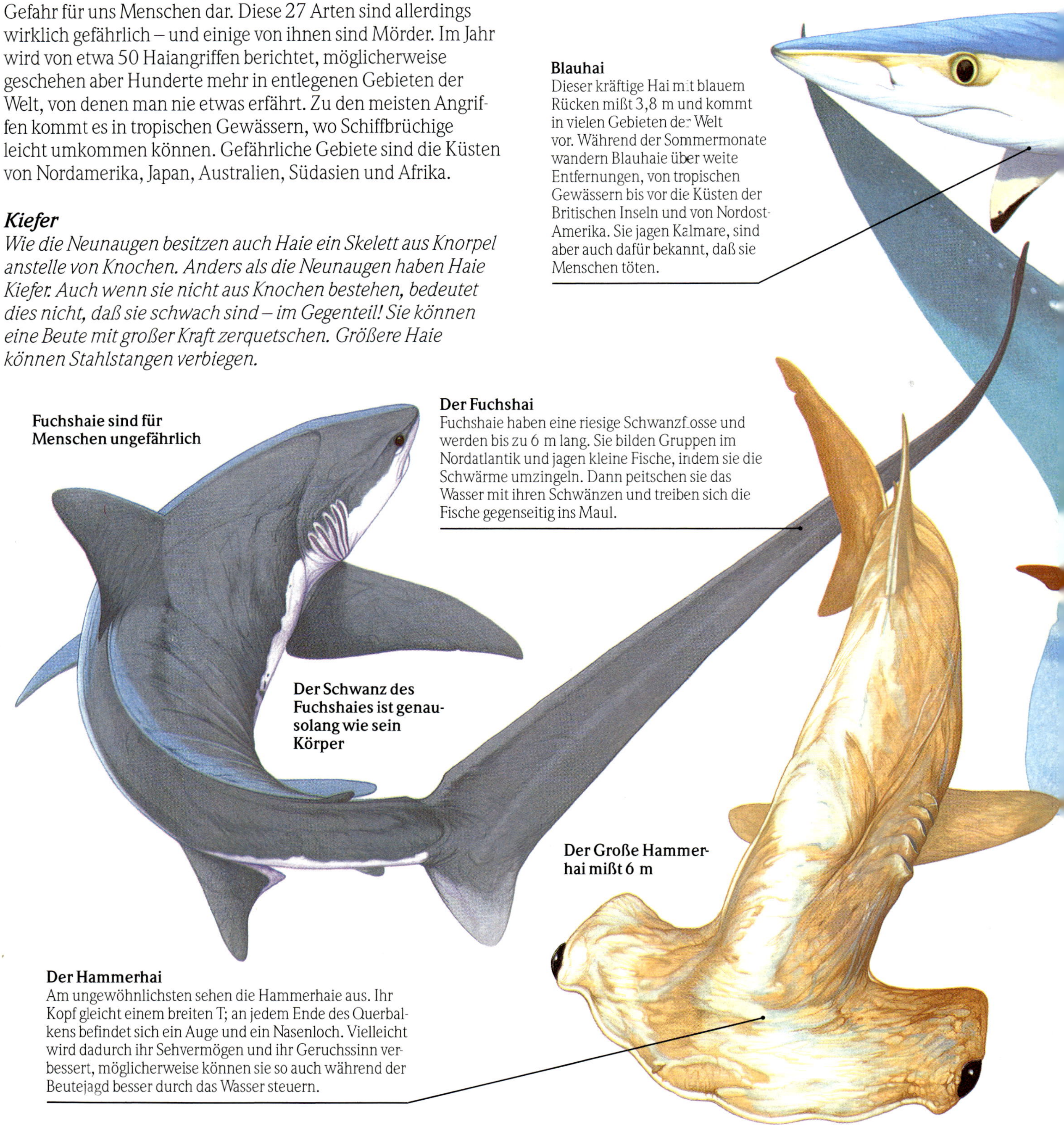

Blauhai
Dieser kräftige Hai mit blauem Rücken mißt 3,8 m und kommt in vielen Gebieten der Welt vor. Während der Sommermonate wandern Blauhaie über weite Entfernungen, von tropischen Gewässern bis vor die Küsten der Britischen Inseln und von Nordost-Amerika. Sie jagen Kalmare, sind aber auch dafür bekannt, daß sie Menschen töten.

Fuchshaie sind für Menschen ungefährlich

Der Fuchshai
Fuchshaie haben eine riesige Schwanzflosse und werden bis zu 6 m lang. Sie bilden Gruppen im Nordatlantik und jagen kleine Fische, indem sie die Schwärme umzingeln. Dann peitschen sie das Wasser mit ihren Schwänzen und treiben sich die Fische gegenseitig ins Maul.

Der Schwanz des Fuchshaies ist genausolang wie sein Körper

Der Große Hammerhai mißt 6 m

Der Hammerhai
Am ungewöhnlichsten sehen die Hammerhaie aus. Ihr Kopf gleicht einem breiten T; an jedem Ende des Querbalkens befindet sich ein Auge und ein Nasenloch. Vielleicht wird dadurch ihr Sehvermögen und ihr Geruchssinn verbessert, möglicherweise können sie so auch während der Beutejagd besser durch das Wasser steuern.

Der Krausenhai ist die primitivste, noch lebende Haiart. Seine breiten, spitzen Zähne werden sonst nur bei ausgestorbenen, fossilen Haien gefunden

Krausenhai
Vor 20 Millionen Jahren schwammen Haie wie der Krausenhai in den Meeren. Sein 2 m langer Körper ist schlank wie der einer Schlange. Seine Kiemenspalten sind rüschenartig gewellt. Der Hai lebt im Atlantik, im Indischen Ozean und im Nordpazifik in Tiefen zwischen 200 und 1000 m. Er frißt kleine Fische, die er im Ganzen verschluckt. Das Weibchen bringt pro Wurf 6 bis 12 lebende Junge zur Welt.

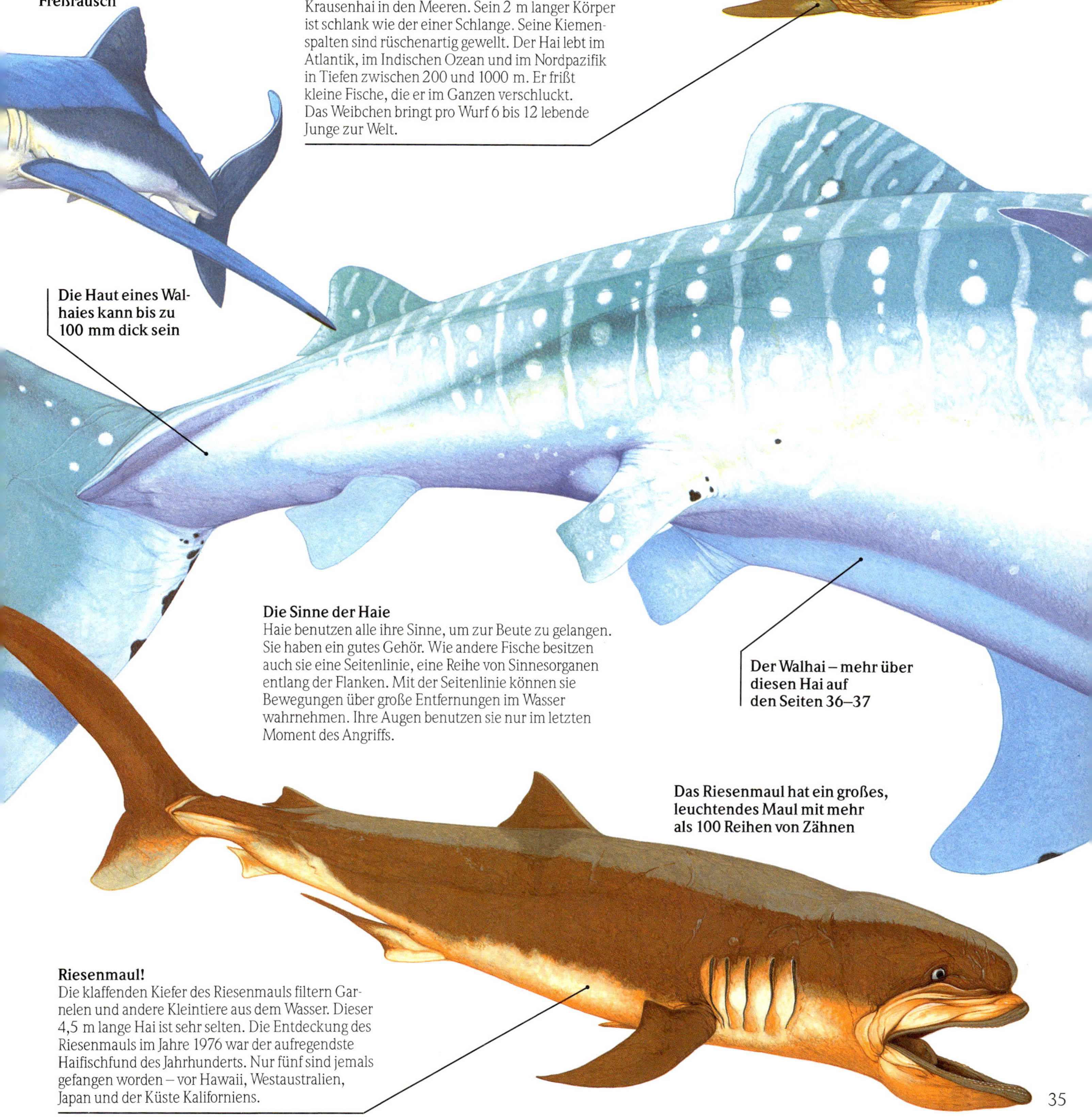

Blauhaie, die sich um Futter versammelt haben, treiben sich oft gegenseitig in einen Freßrausch

Die Haut eines Walhaies kann bis zu 100 mm dick sein

Die Sinne der Haie
Haie benutzen alle ihre Sinne, um zur Beute zu gelangen. Sie haben ein gutes Gehör. Wie andere Fische besitzen auch sie eine Seitenlinie, eine Reihe von Sinnesorganen entlang der Flanken. Mit der Seitenlinie können sie Bewegungen über große Entfernungen im Wasser wahrnehmen. Ihre Augen benutzen sie nur im letzten Moment des Angriffs.

Der Walhai – mehr über diesen Hai auf den Seiten 36–37

Das Riesenmaul hat ein großes, leuchtendes Maul mit mehr als 100 Reihen von Zähnen

Riesenmaul!
Die klaffenden Kiefer des Riesenmauls filtern Garnelen und andere Kleintiere aus dem Wasser. Dieser 4,5 m lange Hai ist sehr selten. Die Entdeckung des Riesenmauls im Jahre 1976 war der aufregendste Haifischfund des Jahrhunderts. Nur fünf sind jemals gefangen worden – vor Hawaii, Westaustralien, Japan und der Küste Kaliforniens.

Sichere Gewässer?
In Gewässern, die von Haien heimgesucht werden, muß man besondere Vorsicht walten lassen, um Angriffe zu vermeiden. Badestrände werden mit Netzen geschützt, und man gibt Warnungen, wenn Haie gesichtet worden sind. Taucher verwenden bestimmte Substanzen, die diese Raubfische abschrecken, und arbeiten in haisicheren Spezialkäfigen, die allerdings von einem wütenden Hai zerstört werden können. Die meisten Haiarten greifen Taucher oder Schwimmer nie an. Menschen behandeln Menschen weitaus schlechter als Haie Menschen. Wir bringen sie zu Tausenden um.

Leopardhai
Dieser Hai erhielt seinen Namen wegen seiner Farbe und Flecken, nicht, weil er gefährlich wie eine Raubkatze ist. Er ist ein harmloses Tier, das im Flachwasser der Pazifikküste Nordamerikas nach Muscheln sucht. Leopardhaie können eine Länge von 1,8 m erreichen.

Der Port-Jackson-Hornhai mißt 1,5 m

Port-Jackson-Hornhai
Etwas größer als der Leopardhai, frißt auch dieser Hornhai Schalentiere, Krebse und Seeigel. Er lebt im Flachwasser und an felsigen Riffs vor der Küste Südaustraliens. Man erkennt ihn an seiner hohen, gekrümmten Stirn.

Der Nasenhai ist 3,5 m lang

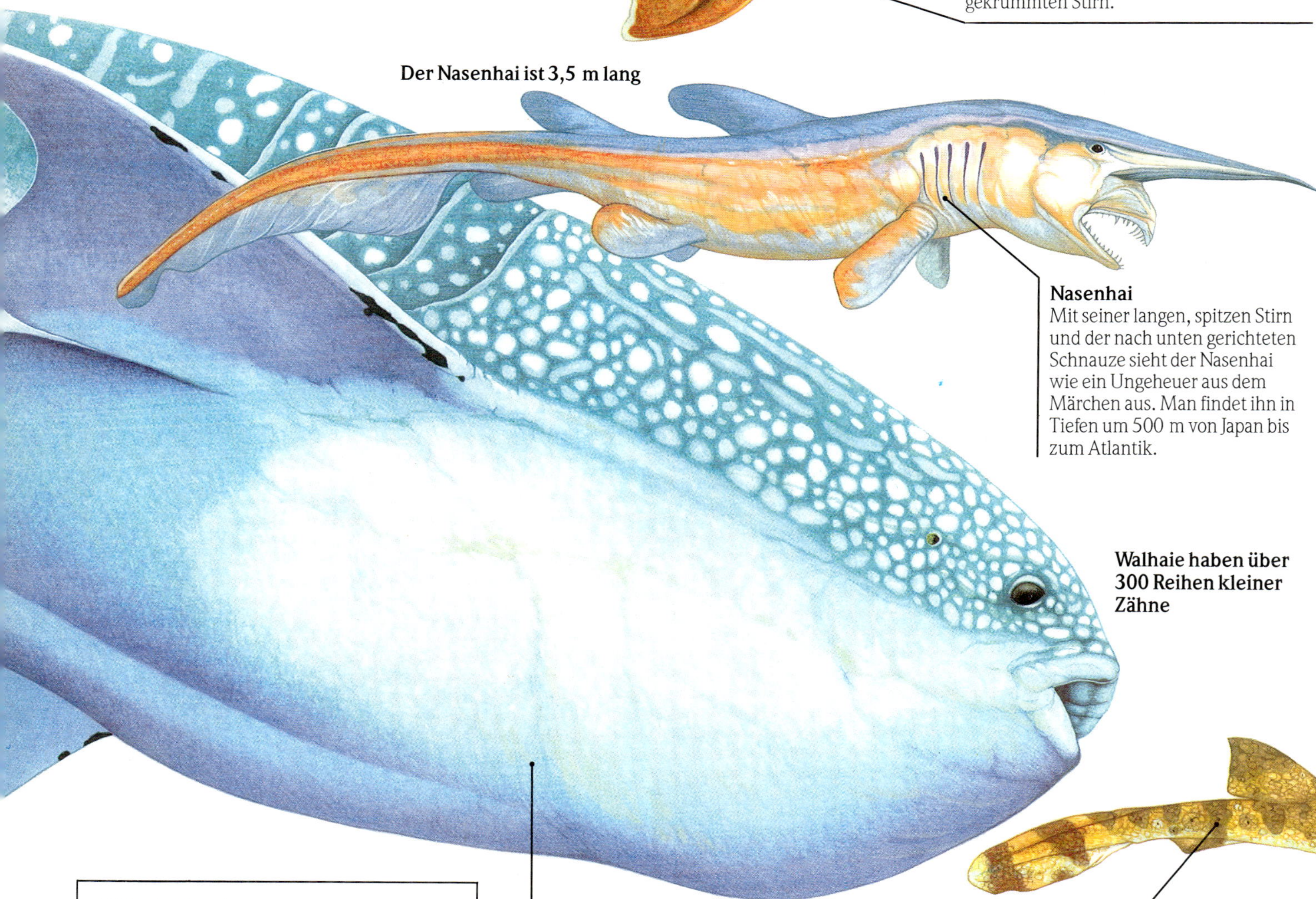

Nasenhai
Mit seiner langen, spitzen Stirn und der nach unten gerichteten Schnauze sieht der Nasenhai wie ein Ungeheuer aus dem Märchen aus. Man findet ihn in Tiefen um 500 m von Japan bis zum Atlantik.

Walhaie haben über 300 Reihen kleiner Zähne

Walhai: 18 m lang

Walhai
Der Walhai, ein sanfter Riese, ist mit bis zu 18 m Länge der größte Fisch der Welt. Er lebt im tropischen Pazifischen, Atlantischen und Indischen Ozean. Seine Nahrung ist Plankton und andere Kleintiere, die in den Meeresströmungen treiben. Oft bilden Walhaie „Schulen". Sie sind völlig harmlos – es sei denn, daß sie mit einem Schiff zusammenstoßen.

Der Australische Ammenhai wird dem Menschen nur gefährlich, wenn man ihn stört

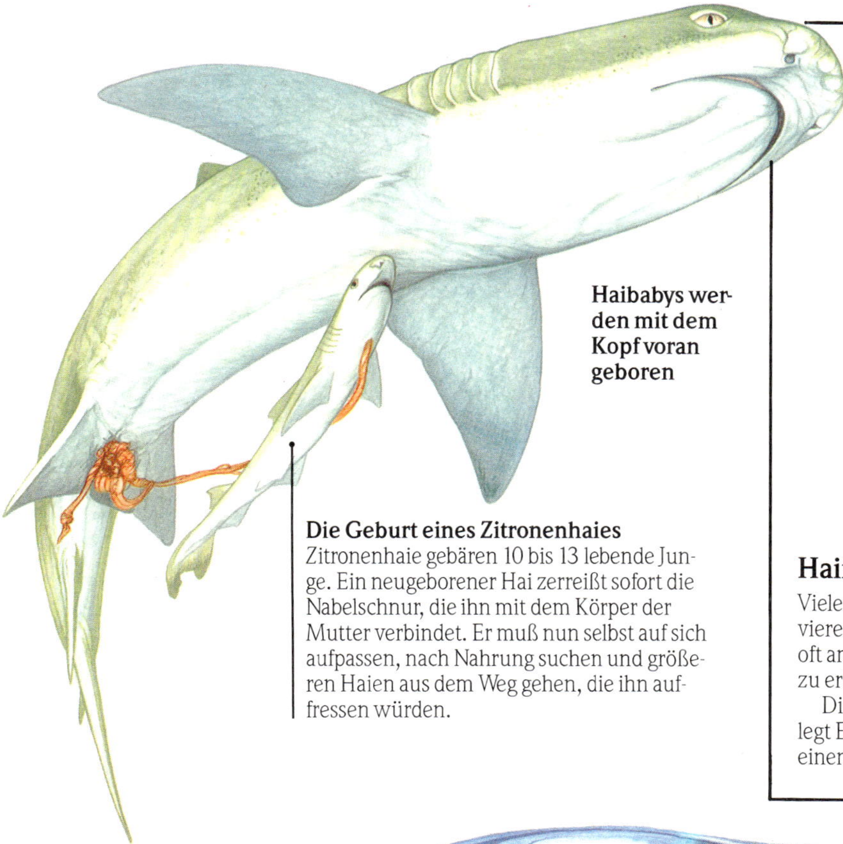

Haibabys werden mit dem Kopf voran geboren

Die Geburt eines Zitronenhaies
Zitronenhaie gebären 10 bis 13 lebende Junge. Ein neugeborener Hai zerreißt sofort die Nabelschnur, die ihn mit dem Körper der Mutter verbindet. Er muß nun selbst auf sich aufpassen, nach Nahrung suchen und größeren Haien aus dem Weg gehen, die ihn auffressen würden.

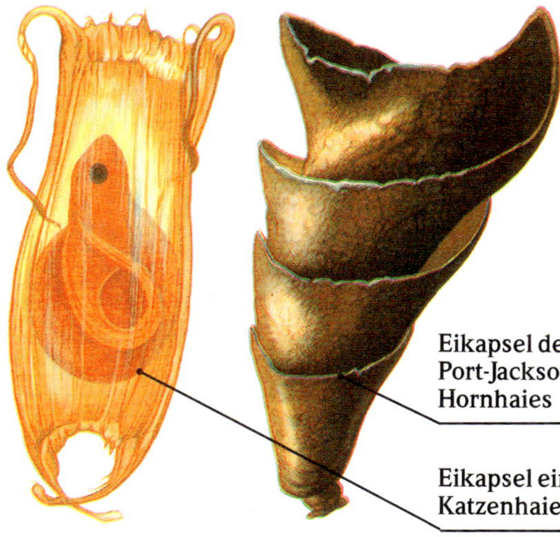

Eikapsel des Port-Jackson-Hornhaies

Eikapsel eines Katzenhaies

Haifischeier

Viele Haie sind nicht lebendgebärend, sondern legen Eier. Man kann die viereckigen Eikapseln von Katzenhaien und ihren größeren Verwandten oft am Strand finden. Durch die durchsichtige Hülle ist der Keimling zu erkennen.

Die Eikapseln sind in Form und Größe unterschiedlich. Der Hornhai legt Eikapseln, die wie ein Korkenzieher aussehen. Sie werden in einen Felsspalt geklemmt.

Der Tigerhai
Er ist ein gieriger „Allesfresser". Der Tigerhai jagt Delphine, Fische und Meeresschildkröten, greift aber auch Schwimmer an. Er hat eine lange Schwanzflosse und kann insgesamt 5,5 m lang werden. Während einer gewissen Spanne seines Lebens kann sein Körper gestreift sein. Man findet ihn im Indischen Ozean, im Atlantik und Pazifik. Oft jagen Tigerhaie in Rudeln.

Sägehaie besitzen eine ausgeprägte, lange, mit Zähnen besetzte Schnauze

Sägehaie
Der Sägehai ähnelt eher einem Schwertfisch als einem Hai. Er lebt am Boden warmer Meere und ernährt sich von Weich- und Krebstieren, die er mit zwei fadenähnlichen Barteln aufspürt. Sägehaie messen etwa 1 m und bringen lebende Jungen zur Welt.

Der Australische Ammenhai
Teppichhaie sind Meister der Tarnung. Einer aus dieser Familie, der Australische Ammenhai, hat einen flachen, 2,4 m langen Körper, der mit steinähnlichen Flecken gemustert ist. Hautfetzen am Kopf verdekken ein zuschnappendes Maul mit mehreren Reihen scharfer Zähne.

MEERESTEUFEL

Es gibt über 400 Rochenarten, die in sieben Familien zusammengefaßt werden. Dies sind die Eigentlichen Rochen, Stachel-, Säge-, Teufels-, Geigen-, Zitter- und Adlerrochen. Alle sind Knorpelfische, da ihr Skelett, wie das ihrer Verwandten, der Haie, aus Knorpel und nicht aus Knochen besteht. Die Teufelsrochen oder Mantas gehören zu den größten und sonderbarsten Fischen der Meere. Zwei löffelförmige, nach vorne gerichtete Verlängerungen der Schnauze, die sogenannten „Hörner", gaben ihnen den Namen „Teufelsrochen".

Rochen haben abgeplattete Körper, die durch breite, flügelartige Brustflossen zur Seite hin erweitert sind. Viele leben am Meeresboden, wo sie Weichtiere fressen. Manche Arten verfügen über tödliche Waffen, wie Giftstacheln, Peitschenschwänze und Organe, die elektrische Schläge austeilen können.

Freundliche Giganten

Die riesigen Teufelsrochen sind für Menschen harmlos. Sie fressen kleine Fische und Plankton, das sie während des Schwimmens aus dem Wasser herausfiltern. Die Kopflappen leiten die Beute in Richtung auf das klaffende Maul. Mantas bewohnen die Hochsee, wo sie in kleinen Gruppen umherstreifen. Manchmal treiben sie an der Meeresoberfläche oder springen hoch aus dem Wasser, um mit einem lauten Bauchklatscher zu landen.

Fische mit Flügeln

Die Spannweite des Pazifischen Teufelsrochens beträgt bis zu 6 m. Dieser Fisch ist riesig und wiegt bis zu 1600 kg. Andere Mantaarten sind kleiner – der Atlantische Teufelsrochen hat lediglich eine Spannweite von 1,5 m.

Schwimmen, wie ein Vogel fliegt

Die meisten Fische schwingen ihre Wirbelsäule von einer Seite zur anderen, um sich durch das Wasser zu bewegen. Im flachen Körper der Rochen aber befindet sich ein sehr steifes Rückgrat. Beim Schwimmen müssen Rochen mit ihren segelartigen Brustflossen schlagen. Dabei entsteht eine Wellenbewegung, die die „Flügel" von vorne nach hinten durchläuft. Die riesigen Teufelsrochen erreichen so eine beachtliche Geschwindigkeit.

Peitschenschwänze
Fische benutzen ihre Schwänze normalerweise, um zu schwimmen. Rochen jedoch, mit ihrer eigenartigen Schwimmweise, besitzen einen Schwanz, der am Ende kaum dicker als ein Faden ist. Bei Stechrochen trägt er giftige, mit Widerhaken versehene Stacheln.

Leben auf dem Meeresgrund

Rochen entwickelten ihre abgeplatteten Körper, weil die meisten Arten versteckt im Sand auf dem Meeresboden leben. Viele fressen Schalentiere, die sie ausfindig machen, indem sie den Sand aufwirbeln und mit Wasser aus ihrem Maul wegpusten. Weil die Kiemen und das Maul auf der Unterseite liegen, haben alle Rochenarten auf der Kopfoberseite sogenannte „Spritzlöcher". Durch diese führen sie sauberes Wasser zu den Kiemen, die nicht mit Sand und Schlamm verstopft werden dürfen.

Viele Teufelsrochen treiben im Wasser, als ob sie sich sonnten

Alle Formen und Größen
Die Körper von Rochen sind abgeplattet und rechteckig, einige aber haben auch welche mit abgerundeten Ecken. Sie alle haben sich im Laufe von Jahrmillionen aus einer haiähnlichen Gestalt entwickelt.

Eier und Jungtiere
Viele Rochen legen Eier, die von einer zähen Schale geschützt sind. Sie werden an Steinen oder Seetang befestigt. Man findet sie oft angespült am Strand. Zitter- und Stechrochen bringen lebende Junge zur Welt.

Drachenförmiger Körper
Der Körper des Mantas hat die Form eines großen Drachens. Seine hervorstehenden, durch das breite Maul getrennte Augen stehen weit auseinander. Rechts und links des Mauls befinden sich die nach vorn gerichteten Kopflappen oder „Hörner".

Färbung
Der Pazifische Teufelsrochen hat eine blaugraue Ober- und eine weiße Unterseite. Viele Zitterrochen, Eigentliche Rochen und Stechrochen tragen zur Tarnung Punkte, Flecken oder Streifen.

Mitunter sollen Teufelsrochen ihre Jungen während ihrer hohen Luftsprünge zur Welt bringen

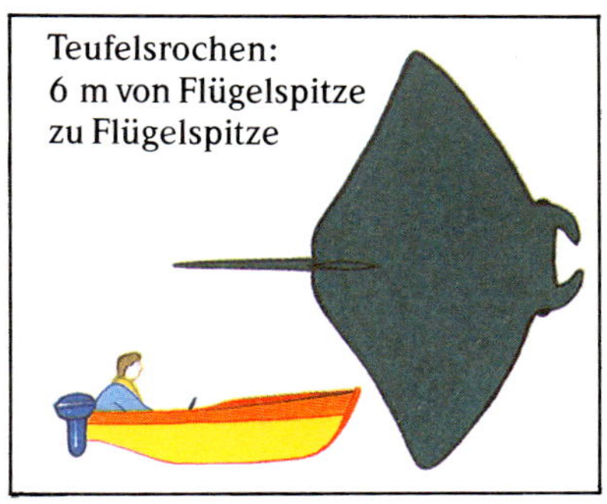

KNOCHENFISCHE

Über 90 Prozent aller Fischarten besitzen ein knöchernes Skelett und Kiefer. Inger und Neunaugen sind kieferlos, und Haie und Rochen haben Skelette aus Knorpel. Aber Dorsche, Makrelen, Heringe, Lachse, Thunfische und Aale gehören zu den mehr als 20 000 Fischarten, die echte Knochen haben. Diese geben ihrem Körper ein festes und robustes Grundgerüst. Alle Fische schwimmen, indem sie ihre Muskeln spielen lassen und ihren Schwanz und die Flossen benutzen. Mit den Flossen steuern sie. Ein „Schwimmblase" genanntes, gasgefülltes Organ gibt den meisten Arten Auftrieb. Fast alle Knochenfische legen Eier, die frei im Meer schweben. Die ausschlüpfenden, winzigen Larven bilden einen Teil des Planktons, das in den Meeresströmungen treibt.

Für die Jagd gebaut

Der Dorsch ist ein Raubfisch, der bis zu 1,5 m lang und 95 kg schwer werden kann. Sein Körper ist mit Schuppen bedeckt, grünlich-braune auf der Oberseite und silberne auf dem Bauch. Hier sieht man ihn bis auf die Knochen „ausgezogen".

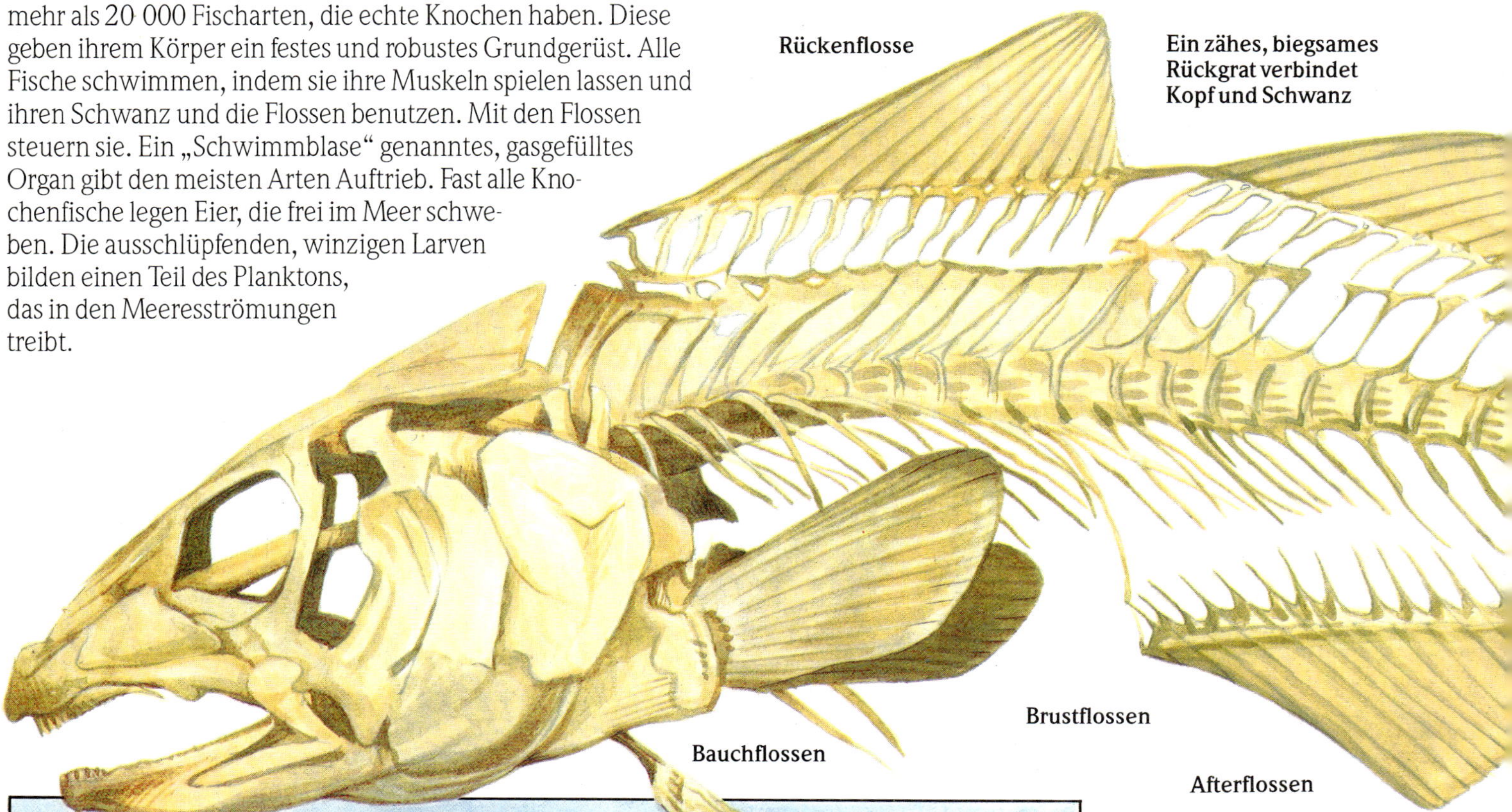

Andere Knochenfische

Im endlosen Kampf um das Überleben haben die Körper von Knochenfischen alle Arten von bizarren Formen und Fähigkeiten entwickelt. Flossen sehen aus wie Seetang und dienen so der Tarnung. Andere Flossen entwickelten sich zu Saugnäpfen oder Giftstacheln. Manche Fische bekamen Leuchtorgane, andere Fühler, die man Barteln nennt. Fische, die in der Nähe des Strandes vorkommen, haben sogar gelernt, auf dem Trockenen zu überleben, wenn sie an Land gespült werden.

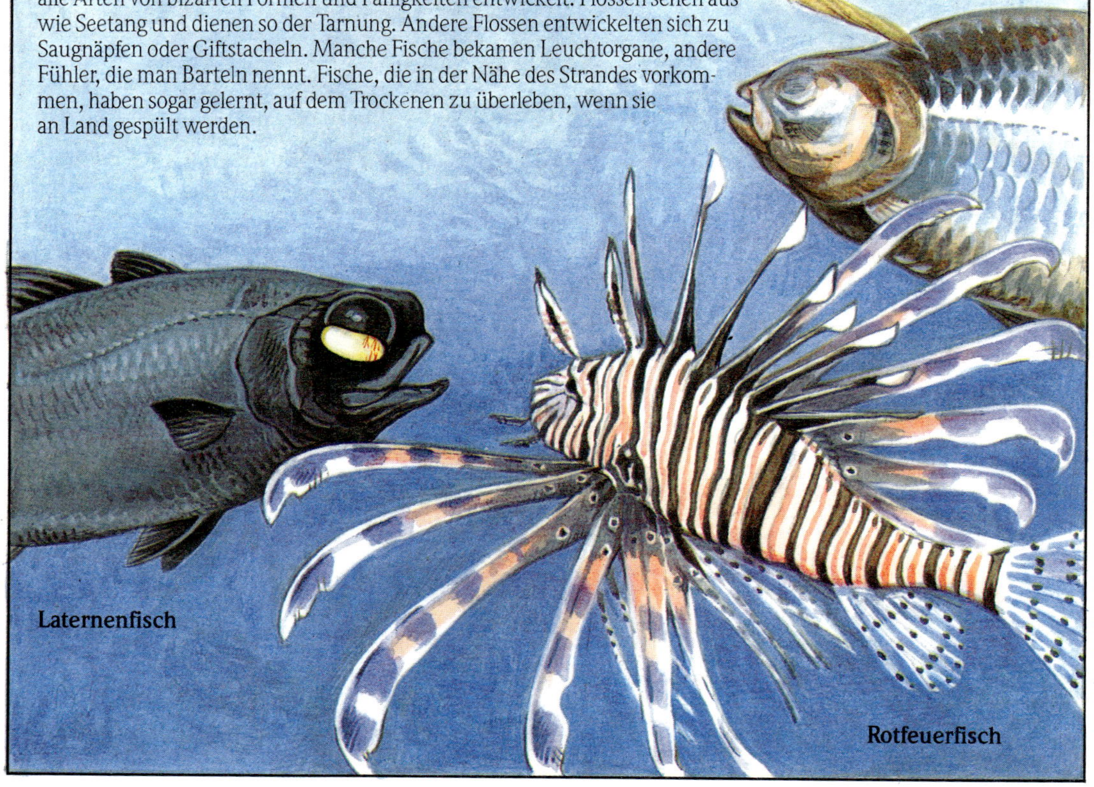

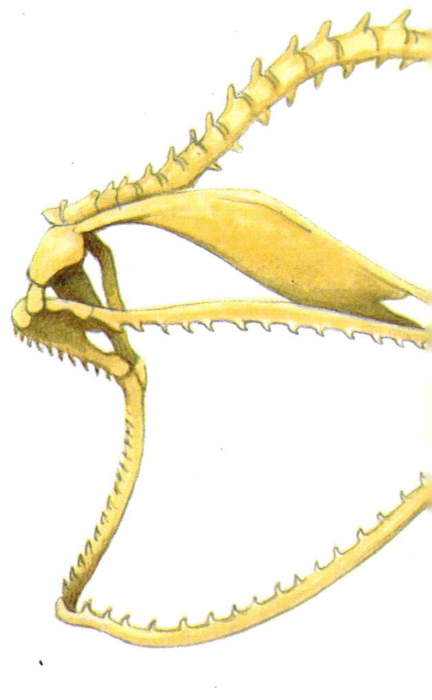

Schluck!

Die ungewöhnlichen Kiefer des Pelikanaals gewährleisten, daß kein Nahrungsbrocken seinem klaffenden Maul entkommt. Er lebt in Tiefen von bis zu 2800 m und kann Fische verschlucken, die größer sind als er selbst.

Die Kraft der Flossen

Die kräftigste Flosse eines Dorschs ist seine Schwanzflosse, die ihn vorantreibt. Drei Rücken- und zwei Afterflossen halten den Fisch senkrecht im Wasser und helfen beim Steuern. Bauch- und Brustflossen kontrollieren die Auf- und Abwärtsbewegungen. Muskeln bewegen die Flossenstrahlen, die wiederum die Flossenbewegungen steuern. Die knöchernen Flossenstrahlen können zusammengefaltet oder aufgefächert werden.

Ein abgeplatteter Körper

Es gibt etwa 500 Arten von Plattfischen, zu denen Schollen, Seezungen und Flundern gehören. Sie brauchen keine Schwimmblase, da sie meist auf dem Meeresgrund liegen. Sie entwickeln flache, gut getarnte Körper. Plattfischlarven gleichen anderen Knochenfischen. (1) Während sie jedoch heranwachsen, bewegt sich ein Auge zur anderen Seite des Kopfes. (2) Das Maul wandert von der Mitte des Kopfes meist zur gleichen Seite wie die Augen. (3)

Knochenschilde

Das Skelett eines Dorsches dient auch als Schutz für seine weichen inneren Organe. Knochenplatten schützen das kleine Gehirn und die Riechorgane. Verknöcherte Augenhöhlen stützen die Augen. Knochen schützen die Kiemen, die dem Wasser den lebensnotwendigen Sauerstoff entnehmen. Gräten, die der Wirbelsäule entspringen, schützen Herz, Leber, Magen und Därme.

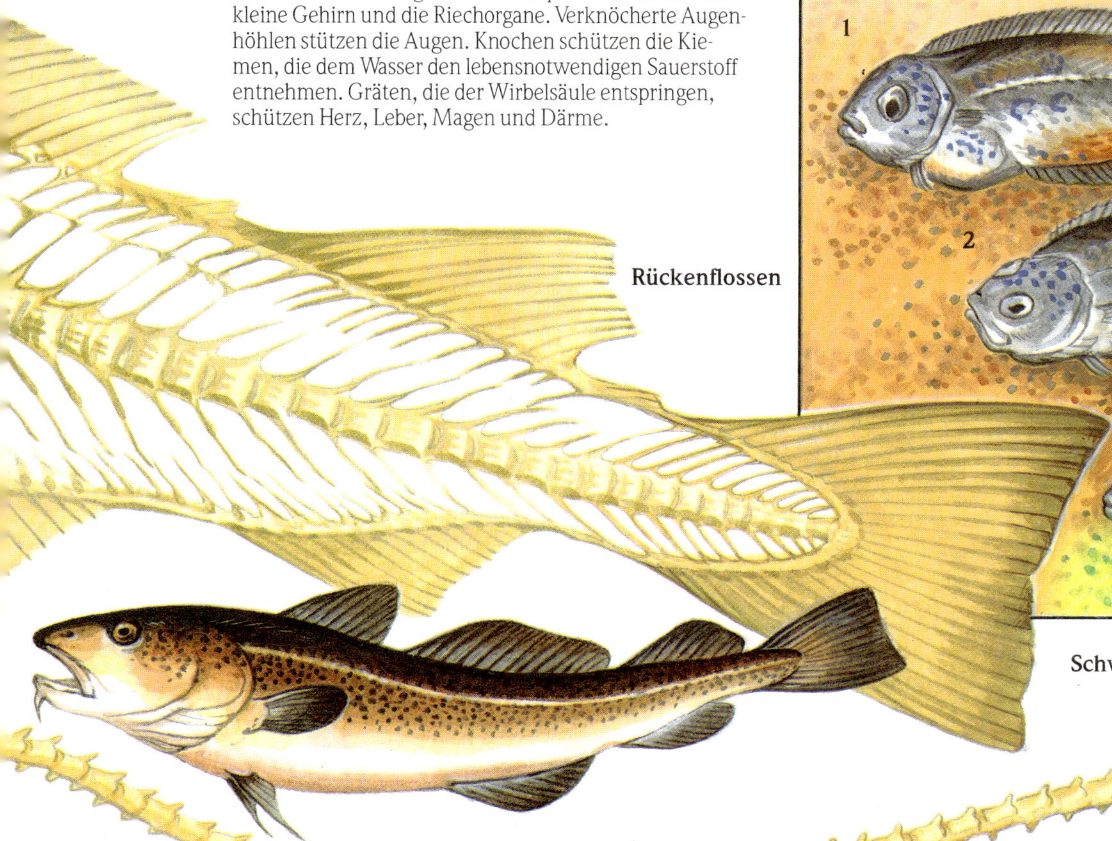

Rückenflossen

Schwanzflosse

Wirbelsäule

Die Kiefer eines Pelikanaals können ein Viertel seiner Körperlänge ausmachen.

Eine lange Wirbelsäule

Das Rückgrat des Pelikanaals und anderer Knochenfische besteht aus kleinen Knochen, die Wirbel genannt werden. Aufgrund seiner langen Wirbelsäule kann der Aal wie eine Schlange schwimmen, sich also durch das Wasser winden.

Eine lebende Angelschnur

Der lange, dünne Körper des Pelikanaals ähnelt einer Angelschnur, und scheinbar wird er auch so verwendet. Am Ende seines Schwanzes besitzt der Pelikanaal ein Leuchtorgan. Dieses scheint in der Finsternis und lockt Beute vor die klaffenden Kiefer.

FLITZER IM MEER

Fische, die jagen oder selbst gejagt werden, können meist mit hohem Tempo schwimmen oder in die Luft springen. Es ist schwierig, die Geschwindigkeit von Fischen zu messen, aber wahrscheinlich wird der Rekord von einem Marlinverwandten, dem Fächerfisch, gehalten. Dieser bis zu 4 m lange Fisch dürfte sich mit einer Geschwindigkeit von bis zu 100 km/h durch die tropischen Gewässer schnellen. Er hat einen sichelförmigen Schwanz, einen stromlinienförmigen Körper und eine lange, hohe, in einem Bogen gerundete Rückenflosse. Während schneller Verfolgungsjagden kann dieses „Segel" zusammengefaltet werden. Ein anderer „Flitzer" ist der Blauflossenthunfisch. Dieser große Fisch kann bis zu 4,3 m lang werden und bei kurzen Spurts eine Geschwindigkeit von 70 km/h erreichen.

Mit voller Kraft voran

Der Körper des Marlins ist für hohe Geschwindigkeiten gebaut. Während er jagt, kann er 80 km/h erreichen. Der Marlin hat eine kräftige Wirbelsäule und einen geschmeidigen, muskulösen Körper. Seine sichelförmige Schwanzflosse treibt ihn voran. Die lange Schnauze und die Rückenflosse schneiden wie Messer durch die Wellen. Seine Schnelligkeit kommt dem Marlin nicht nur bei der Jagd zugute, sondern macht ihm auch die Flucht vor Haien möglich.

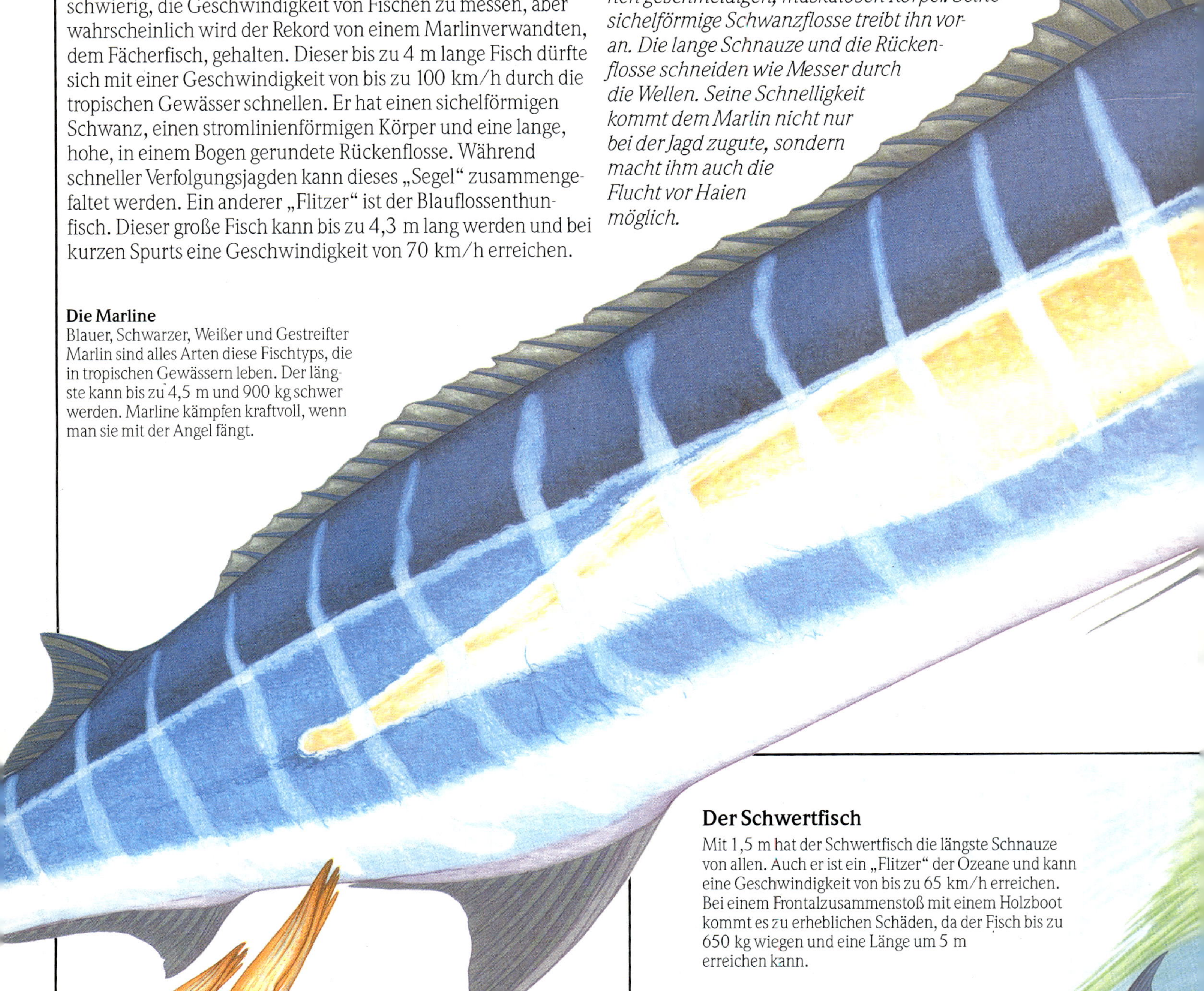

Die Marline

Blauer, Schwarzer, Weißer und Gestreifter Marlin sind alles Arten diese Fischtyps, die in tropischen Gewässern leben. Der längste kann bis zu 4,5 m und 900 kg schwer werden. Marline kämpfen kraftvoll, wenn man sie mit der Angel fängt.

Der Schwertfisch

Mit 1,5 m hat der Schwertfisch die längste Schnauze von allen. Auch er ist ein „Flitzer" der Ozeane und kann eine Geschwindigkeit von bis zu 65 km/h erreichen. Bei einem Frontalzusammenstoß mit einem Holzboot kommt es zu erheblichen Schäden, da der Fisch bis zu 650 kg wiegen und eine Länge um 5 m erreichen kann.

Der Schwertfisch jagt Kalmare und kleine Fische

Was bedeutet der Name?

Vor etwa 200 Jahren, zur Zeit der Segelschiffe, gaben Seeleute dem Marlin seinen Namen. Die lange, spitze Schnauze der Fische erinnerte sie an den „Marlspieker", ein spitzes Eisenwerkzeug, das zum Spleißen von Tauen verwendet wird.

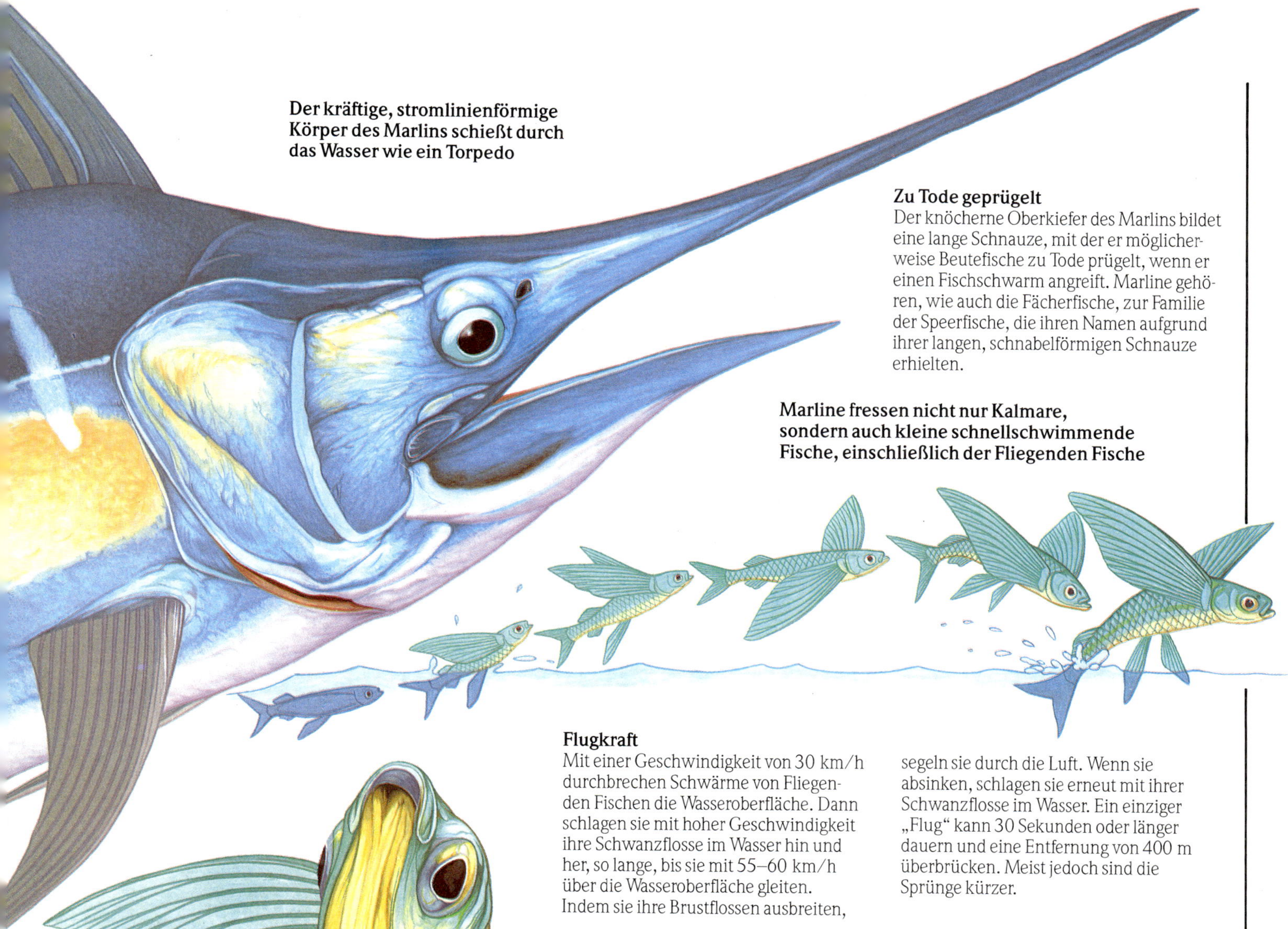

Der kräftige, stromlinienförmige Körper des Marlins schießt durch das Wasser wie ein Torpedo

Zu Tode geprügelt

Der knöcherne Oberkiefer des Marlins bildet eine lange Schnauze, mit der er möglicherweise Beutefische zu Tode prügelt, wenn er einen Fischschwarm angreift. Marline gehören, wie auch die Fächerfische, zur Familie der Speerfische, die ihren Namen aufgrund ihrer langen, schnabelförmigen Schnauze erhielten.

Marline fressen nicht nur Kalmare, sondern auch kleine schnellschwimmende Fische, einschließlich der Fliegenden Fische

Flugkraft

Mit einer Geschwindigkeit von 30 km/h durchbrechen Schwärme von Fliegenden Fischen die Wasseroberfläche. Dann schlagen sie mit hoher Geschwindigkeit ihre Schwanzflosse im Wasser hin und her, so lange, bis sie mit 55–60 km/h über die Wasseroberfläche gleiten. Indem sie ihre Brustflossen ausbreiten, segeln sie durch die Luft. Wenn sie absinken, schlagen sie erneut mit ihrer Schwanzflosse im Wasser. Ein einziger „Flug" kann 30 Sekunden oder länger dauern und eine Entfernung von 400 m überbrücken. Meist jedoch sind die Sprünge kürzer.

Fliegende Fische

Verschiedene Arten von Knochenfischen werden als „Fliegende Fische" bezeichnet. Sie haben vergrößerte Flossen, die wie Flügel wirken. Mit ihnen können sie über die Wellen segeln. In tropischen Gewässern zerstreut die Bugwelle von Schiffen Fliegende Fische in alle Richtungen. Manche von ihnen können so auf dem Deck landen.

Das „Flugvermögen" der Fliegenden Fische entwickelte sich, damit sie Raubfischen entkommen können.

1 Marlin: 4–6 m
2 Schwertfisch: 5 m
3 Fliegender Fisch: 25–45 cm

LEBEWESEN DER TIEFSEE

Einige Fische aus mittleren Tiefen steigen jeden Tag zur Oberfläche auf, um dort zu fressen. Andere jagen in finsteren Tiefen, in die nie Tageslicht gelangt. Etwa 1500 Fischarten können ihr eigenes Licht erzeugen, entweder in speziellen Leuchtorganen oder durch Bakterien – kleine Lebewesen, die in Körperorganen des Fisches leben. Oftmals erzeugt das gespenstische Licht Verwirrung bei Raubtieren, indem es den Körperumriß des Fisches optisch auflöst. Dadurch ist er schlecht zu erkennen. Mitunter wird das Licht auch wie ein Scheinwerfer benutzt. Es durchdringt die Dunkelheit, während der Fisch nach einer Mahlzeit sucht. Leuchtorgane locken Beutetiere vor die Kiefer oder helfen den Fischen, Geschlechtspartner zu finden.

Tiefseefische sind meist schwarz, braun oder bronzefarben. Viele sehen wegen ihrer klaffenden Kiefer und Zähne furchterregend aus. Sie sind jedoch meist nur klein.

Fangzahn

Tödlicher Zugriff

In 1000 Meter Tiefe hält ein Fangzahn einen zappelnden Drachenfisch in seinen eisenharten Kiefern. Sowohl Angreifer als auch Opfer besitzen lange Zähne, aus denen die Beute, die sie jagen, nicht entwischen kann.

Drachenfische

Drachenfische haben abgerundete Schnauzen und riesige, klaffende Kiefer, die vor Zähnen strotzen. Hinter den Augen befindet sich ein kräftiges Leuchtorgan, mit dessen Hilfe sie Beutetiere anlocken.

Schwarzer Drachenfisch

Nach dem Schlupf wachsen die Larven dieses tropischen Fisches zu 1,5 cm langen, durchsichtigen Tierchen heran, deren Augen auf langen Stielen sitzen. Die Weibchen erreichen ein Länge von 30 cm. Die Männchen werden nur 5 cm lang und sterben innerhalb weniger Monate.

Schlackermaul

Diese Fische erhielten ihren Namen nach ihren großen, gelenkig verbundenen Kiefern, die über großer Beute zusammenschnappen können. Die meisten Leuchtorgane produzieren ein blaugrünes Glühen, die des Schlackermauls senden rötliches Licht aus. Möglicherweise können sie so Tiere erbeuten, die nur blaues Licht wahrnehmen.

Fänge
Der Fangzahn ist nur 15 cm lang. Auf einem faßförmigen Körper sitzt ein häßlicher Kopf. Er jagt im Atlantik und Pazifik in Tiefen um 600 m Krebse, Fische und Kalmare.

Tiefsee-Fühlerfisch

Tiefsee-Fühlerfische erhielten ihren Namen aufgrund ihrer zu Fühlern verlängerten Flossen. Ähnlich wie die Beine einer Spinne stützen die Flossen den Fisch, so daß er den Schlick des Meeresbodens nicht berührt. Es gibt 18 Arten von Tiefsee-Fühlerfischen.

Alle Tiefsee-Fühlerfische leben in wärmeren Meeren, manche bis zu einer Tiefe von 300 m, andere bis zu 6000 m. Sie sind ungefähr 30 cm lang und schwarz oder braun gefärbt. Über ihre Lebensweise ist wenig bekannt.

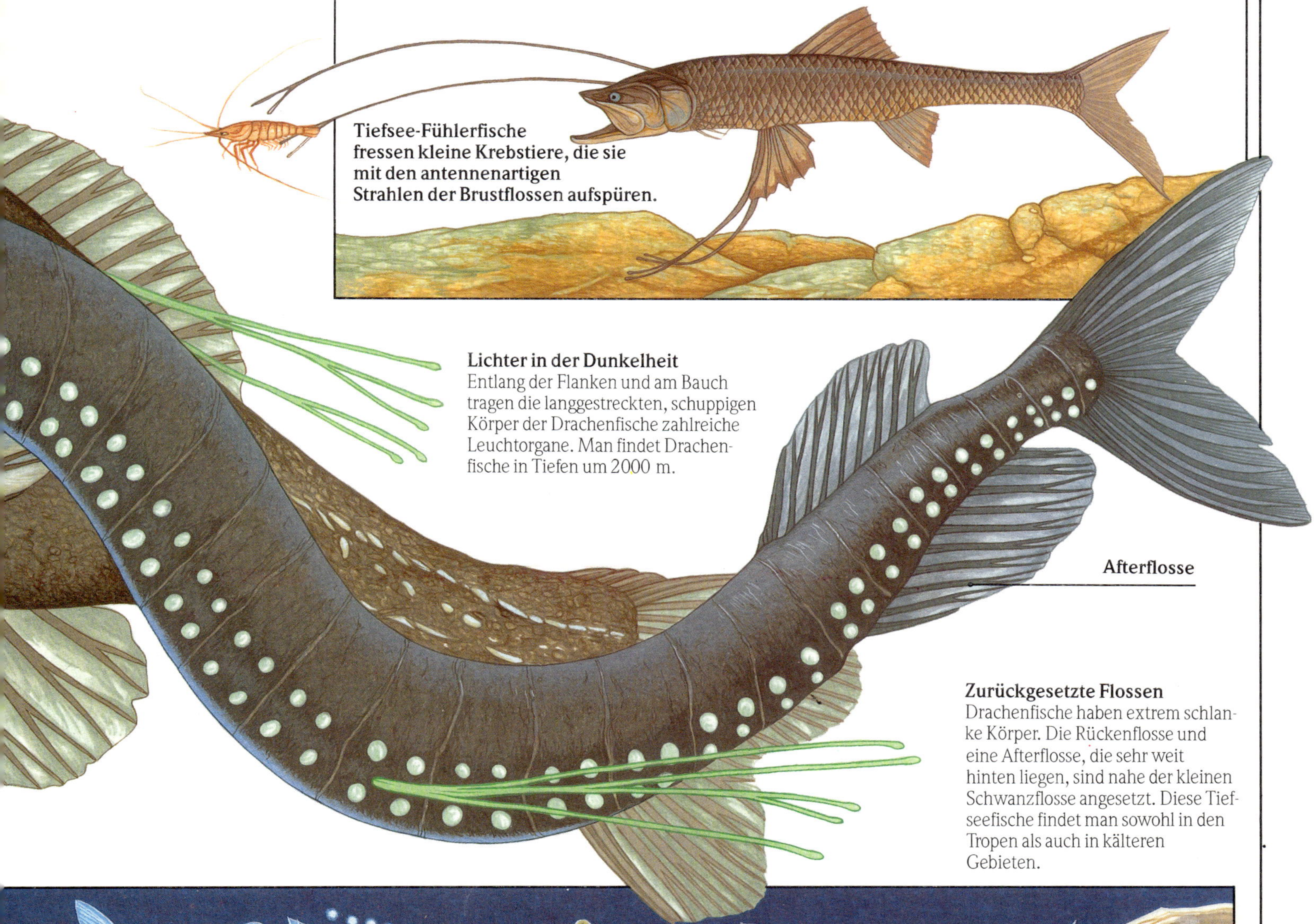

Tiefsee-Fühlerfische fressen kleine Krebstiere, die sie mit den antennenartigen Strahlen der Brustflossen aufspüren.

Lichter in der Dunkelheit
Entlang der Flanken und am Bauch tragen die langgestreckten, schuppigen Körper der Drachenfische zahlreiche Leuchtorgane. Man findet Drachenfische in Tiefen um 2000 m.

Afterflosse

Zurückgesetzte Flossen
Drachenfische haben extrem schlanke Körper. Die Rückenflosse und eine Afterflosse, die sehr weit hinten liegen, sind nahe der kleinen Schwanzflosse angesetzt. Diese Tiefseefische findet man sowohl in den Tropen als auch in kälteren Gebieten.

Silberbeil
Diese kleinen, silbrigen Fische leben in Tiefen von bis zu 3500 m, steigen jedoch nachts zur Wasseroberfläche auf, um zu fressen. Auf ihrer Bauchseite tragen sie Reihen von Leuchtorganen. Die häßlichen Augen und das Maul sind nach oben gerichtet.

Viperfisch
Mit ihren großen Zähnen und dem Kiefer, der über 90 Grad aufgerissen werden kann, sehen diese 30 cm langen Fische fürchterlicher aus als die meisten Giftschlangen. Sie jagen mit einem leuchtenden Köder, der von der Rückenflosse herabhängt und haben Leuchtorgane im Mund.

DIE ANGLER

Verschiedene Fischgruppen werden als Anglerfische bezeichnet. Allen ist eines gemeinsam: Sie benutzen eine „Angelrute" zum Beutefang. Ein Stachel oder Strahl der Rückenflosse wird verlängert und bildet einen „Köder". Tiefsee-Angler besitzen eine leuchtende Köderspitze, die durch die dunklen, kalten Gewässer, in denen sie leben, leuchtet. Anglerfische des Flachwassers sind meist gut getarnt. Ihr großes, gut bezahntes Maul ist mit seetangähnlichen Blättchen bedeckt.

Tiefsee-Angler gehören zu den am seltsamsten aussehenden Lebewesen des Meeres. Sie sind schuppenlos. Obwohl gewöhnlich klein, erreichen die größten Formen doch 90 cm Länge. Manche Arten haben kugelige Körper. Diese können mit kleinen Fischen, Garnelen, Kalmaren und Würmern prall gefüllt sein, die in die große Mundöffnung eingesaugt werden und hinter den gebogenen Zähnen wie in einer Falle gefangen sitzen.

Tiefseelist

Tiefsee-Angler haben kleine Augen und manche einen schlechten Geruchssinn. Ihr nützlichstes Sinnesorgan ist die Seitenlinie, die an den Körperseiten verläuft. Sie kann Veränderungen im Wasserdruck wahrnehmen. Weil die Anglerfische beim Beutefang auf List und nicht auf Muskelkraft und Geschwindigkeit gesetzt haben, brauchen ihre Körper nicht stromlinienförmig gebaut sein.

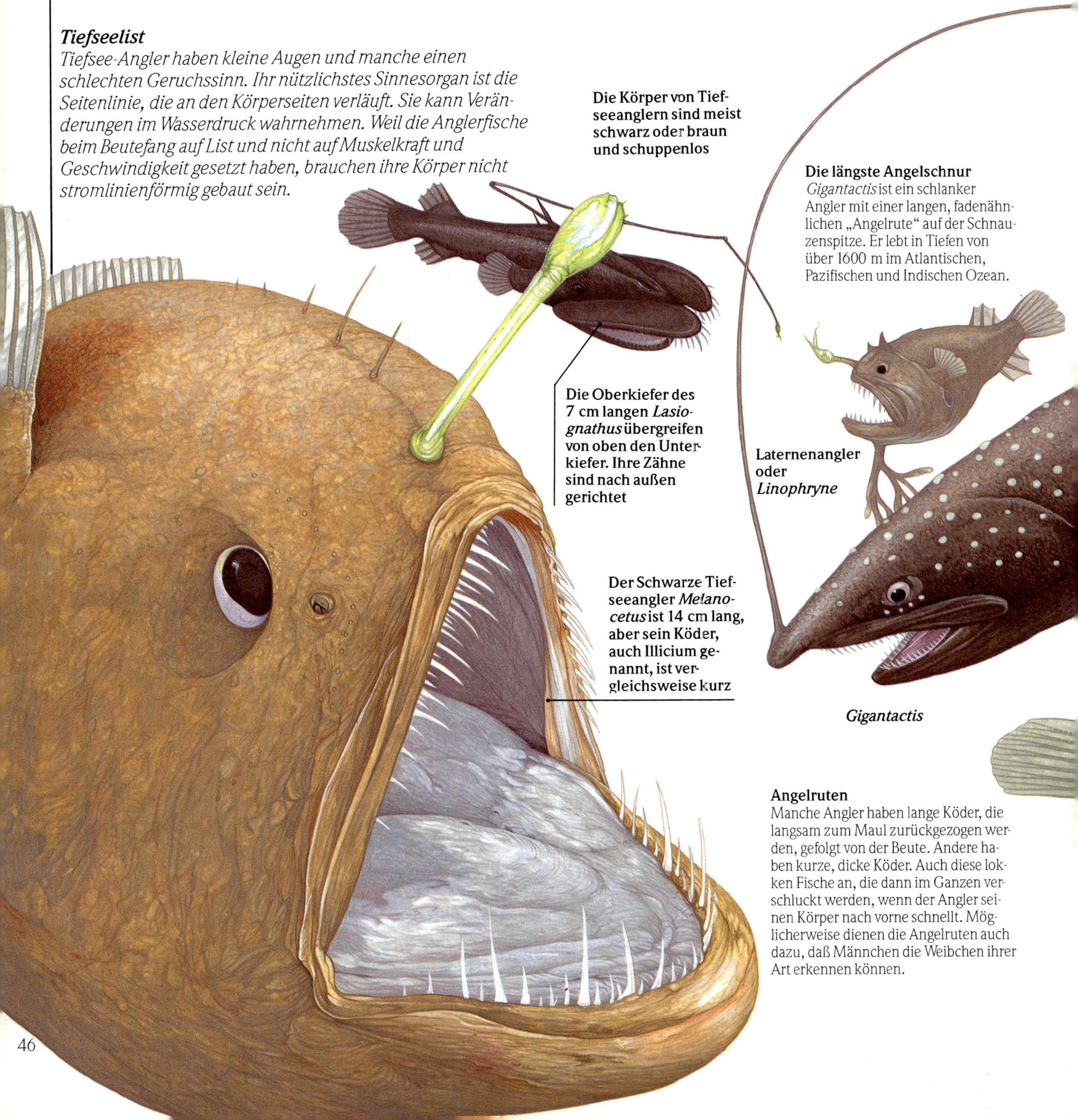

Die längste Angelschnur
Gigantactis ist ein schlanker Angler mit einer langen, fadenähnlichen „Angelrute" auf der Schnauzenspitze. Er lebt in Tiefen von über 1600 m im Atlantischen, Pazifischen und Indischen Ozean.

Angelruten
Manche Angler haben lange Köder, die langsam zum Maul zurückgezogen werden, gefolgt von der Beute. Andere haben kurze, dicke Köder. Auch diese locken Fische an, die dann im Ganzen verschluckt werden, wenn der Angler seinen Körper nach vorne schnellt. Möglicherweise dienen die Angelruten auch dazu, daß Männchen die Weibchen ihrer Art erkennen können.

Alle Formen von Anglern

Es gibt etwa 100 Arten von Tiefsee-Anglern. Sie kommen überall vor, wo sie ausreichend Nahrung finden. Die am tiefsten lebenden Arten findet man in den Tropen, einige aber leben auch im eisigen Wasser der Arktis und Antarktis. Diese trifft man auch in flacherem Wasser an.

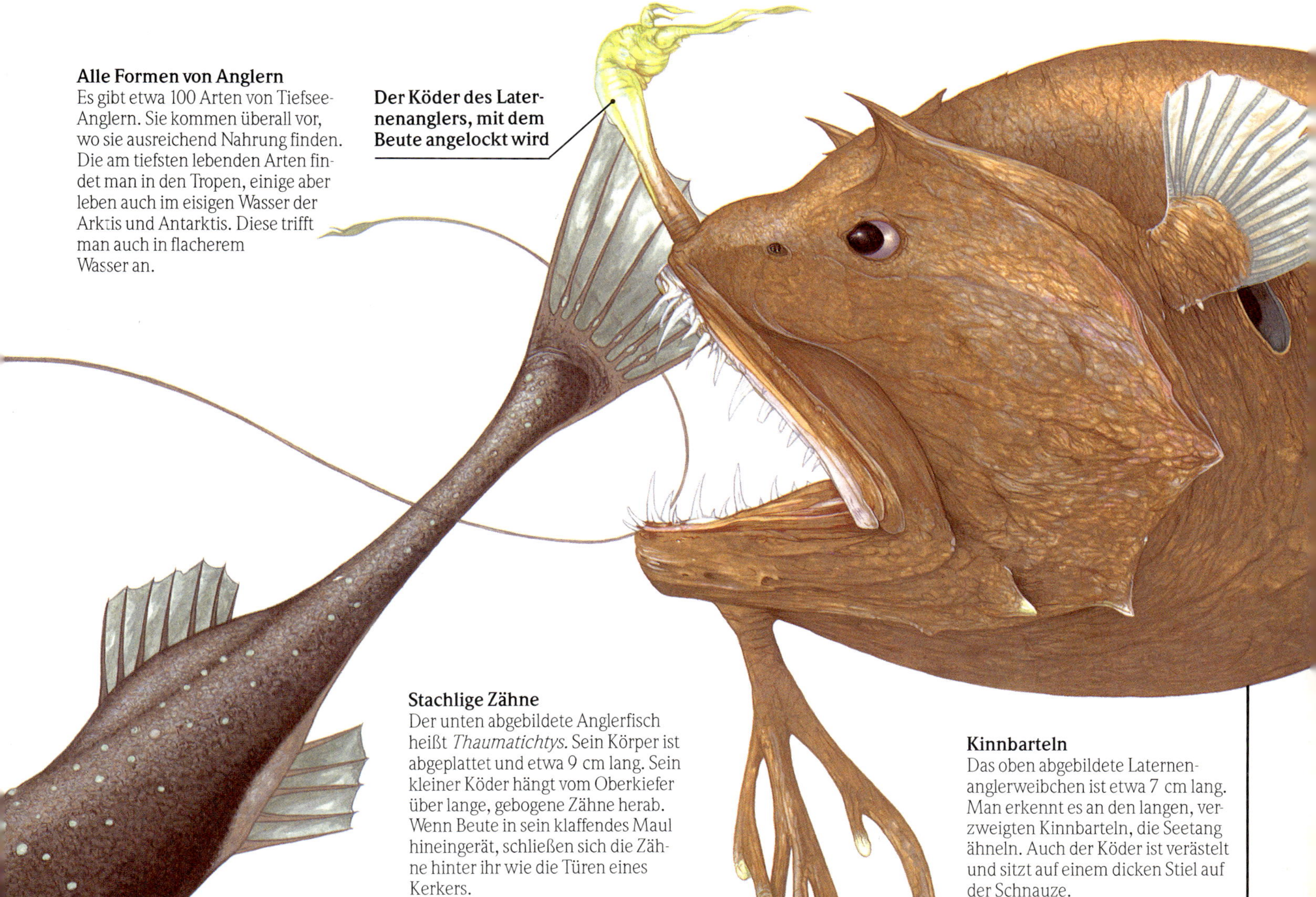

Der Köder des Laternenanglers, mit dem Beute angelockt wird

Stachlige Zähne

Der unten abgebildete Anglerfisch heißt *Thaumatichtys*. Sein Körper ist abgeplattet und etwa 9 cm lang. Sein kleiner Köder hängt vom Oberkiefer über lange, gebogene Zähne herab. Wenn Beute in sein klaffendes Maul hineingerät, schließen sich die Zähne hinter ihr wie die Türen eines Kerkers.

Kinnbarteln

Das oben abgebildete Laternenanglerweibchen ist etwa 7 cm lang. Man erkennt es an den langen, verzweigten Kinnbarteln, die Seetang ähneln. Auch der Köder ist verästelt und sitzt auf einem dicken Stiel auf der Schnauze.

Thaumatichtys

Schmarotzer

An dem unten abgebildeten *Edriolynchus*-Weibchen klammern sich zwei voll erwachsene Männchen fest. Sie sind im Vergleich zum Weibchen winzig. An ihrer Körperseite angeheftet, werden die Männchen zu Parasiten. Das bedeutet, daß der Körper des Weibchens sie mit allem versorgt, was sie zum Leben brauchen.

Melanocetus

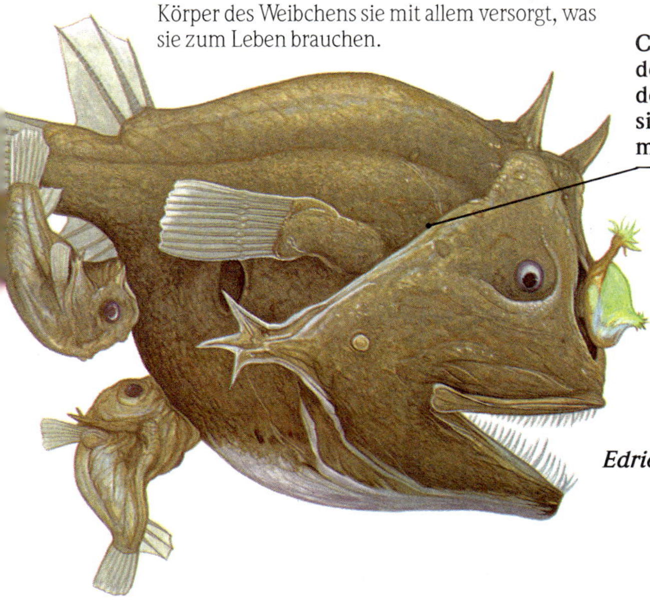

Chemische Stoffe im Blut des Weibchens zeigen den Männchen an, wann sie ihre Eier befruchten müssen

Edriolynchus

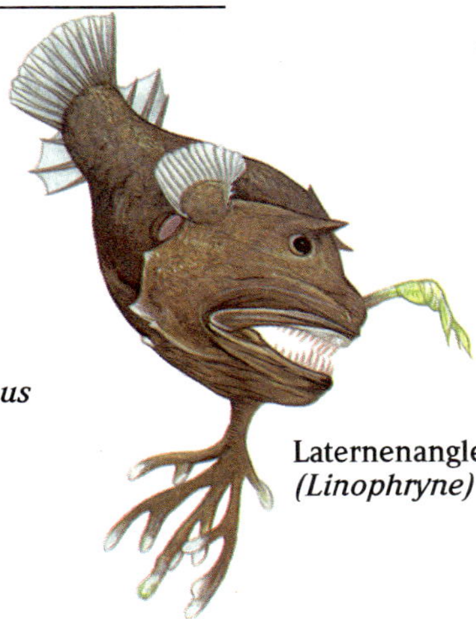

Laternenangler (*Linophryne*)

Flossen und Stachel

Tiefseeangler besitzen Rücken- und Afterflossen, die sich weit hinten am Körper, nahe dem Schwanz, befinden. Oft sitzen die breiten Brustflossen auf fleischigen Stümpfen. Dadurch sehen einige Arten noch bizarrer aus. Manche Angler tragen dornige Stacheln oder Warzen auf dem Körper. Meist schwimmen sie träge, manche Arten können bewegungslos auf dem Meeresboden liegen.

LANGE LAUERER

Aale sind Fische, die wie Schlangen aussehen. Sie haben lange, schlanke Körper, mit denen sie gut im Schlamm wühlen oder sich in Felsspalten oder Riffen verstecken können. Der Körper ist äußerst biegsam, da ihr Rückgrat aus bis zu 600 miteinander verbundenen Knochen oder Wirbeln besteht. Mit dem Wort „Aal“ bezeichnet man meist die Süßwasserfische, die sich jedes Jahr in Seen, Flüsse und Gräben hineinschlängeln. Um sich zu vermehren, wandert der Flußaal ins offene Meer. Auf dem Weg dorthin werden viele gefangen. Auch andere Meeresfische mit langen, dünnen Körpern werden als „Aale“ bezeichnet. Manche von ihnen, wie Meeraale und Muränen, sind große, kräftige Fische, die fürchterlich beißen können. Andere, wie die Schnepfenaale, haben zarte, brüchige Körper. Die kleinen Sandaale ähneln den Aalen, sind aber nicht mit ihnen verwandt.

Alle in einer Familie
Die größte Familie der Aale ist mit etwa 120 Arten die der Muränen, die alle in tropischen Gewässern leben. Meeraale kommen auch in kühleren Gebieten entlang von Felsküsten vor. Taucher können sie tief im Inneren von Schiffswracks auf der Lauer finden.

Zuschnappende Kiefer
Der Meeraal kann gefährlich zubeißen. Die Kiefer sind kräftig und dicht mit kleinen, spitzen Zähnen besetzt. Mit ihnen kann er Fische oder Kraken schnappen und Krabben oder Hummer zermalmen. Tagsüber jagen sie Beutetiere, die ihrem Versteck zu nahe kommen, nachts schwimmen sie umher, um am Meeresgrund Plattfische zu fangen.

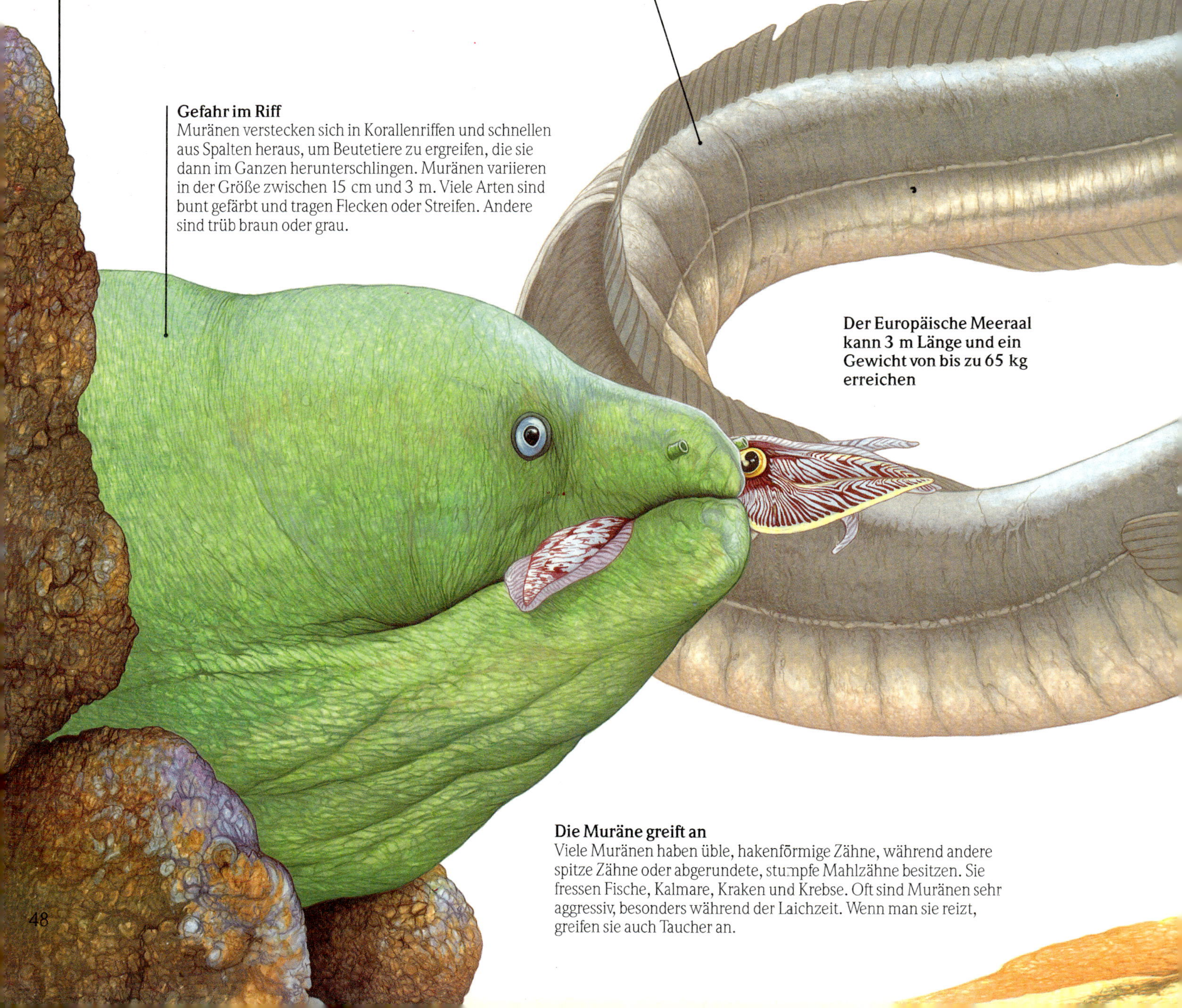

Gefahr im Riff
Muränen verstecken sich in Korallenriffen und schnellen aus Spalten heraus, um Beutetiere zu ergreifen, die sie dann im Ganzen herunterschlingen. Muränen variieren in der Größe zwischen 15 cm und 3 m. Viele Arten sind bunt gefärbt und tragen Flecken oder Streifen. Andere sind trüb braun oder grau.

Der Europäische Meeraal kann 3 m Länge und ein Gewicht von bis zu 65 kg erreichen

Die Muräne greift an
Viele Muränen haben üble, hakenförmige Zähne, während andere spitze Zähne oder abgerundete, stumpfe Mahlzähne besitzen. Sie fressen Fische, Kalmare, Kraken und Krebse. Oft sind Muränen sehr aggressiv, besonders während der Laichzeit. Wenn man sie reizt, greifen sie auch Taucher an.

Das bewegliche Maul

Der Pelikanaal ist eigentlich nur ein riesiges Maul, an das sich der aalartige dünne Körper anschließt. Er ist ein Warmwasserfisch, aber man weiß, daß er auch bis zu einer Tiefe von über 7000 m vorkommt. In der tintenschwarzen Tiefe ist der 60 cm lange schwarze Körper dieses Aals unsichtbar. Lediglich ein leuchtender Köder am Schwanz zieht die Aufmerksamkeit anderer Fische auf sich. Wenn sie näher kommen, verschwinden sie in den klaffenden, dehnbaren Kiefern.

Der Meeraal
Der Europäische Meeraal ist ein geschmeidiger Fisch mit starken Muskeln. Er ist oft kräftig gebaut, seine Rückenflosse erstreckt sich über die ganze Länge des Rückens. Der schuppenlose Körper ist hellbraun oder schwarz, der Bauch hell. Der Amerikanische Meeraal, der an der Ostküste der USA vorkommt, ist kleiner.

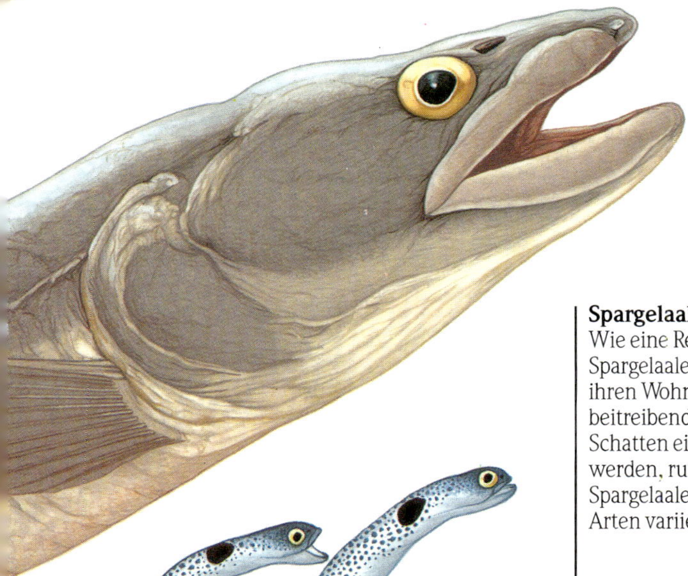

Schellfisch

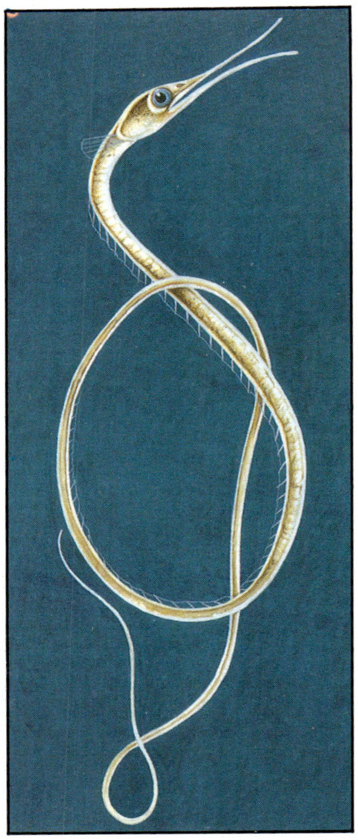

Spargelaale
Wie eine Reihe von Pflanzen im Blumenbeet steigen Spargelaale, in der Strömung hin und her schwingend, aus ihren Wohnröhren empor. Sie ernähren sich von dem vorbeitreibenden Plankton. Wenn sie gestört oder durch den Schatten eines oben vorbeigleitenden Rochens erschreckt werden, rutschen die Aale rückwärts in den Sand zurück. Spargelaale sind mit den Meeraalen verwandt. Die etwa 20 Arten variieren in der Länge zwischen 50 und 90 cm.

Schnepfenaale
Die längsten Kiefer aller Aale haben die Schnepfenaale der Tiefsee. Ihre leicht gebogenen Mäuler gleichen einem Vogelschnabel. In ihm befinden sich kleine Zähne, mit denen sie Garnelen und andere Kleintiere fangen. Schnepfenaale können über 1,2 m lang werden. Man hat sie schon in großen Tiefen gefunden.

Spargelaale leben in tropischen Gewässern

VERSTECKSPIEL

Tarnung ist die Kunst des Sehens, ohne selbst gesehen zu werden. Meerestiere verstecken sich, damit sie nicht gefressen werden oder damit sie sich unbemerkt an ihre Beute heranschleichen können. Viele haben dieselbe Farbe oder Zeichnung wie ihr Hintergrund. Fische, die im Seetang leben, können gestreift sein, die auf dem Meeresgrund lebenden Arten sandfarben. Viele Fische der Oberflächengewässer sind an ihrer Oberseite dunkelblau oder grün und silbern auf der Unterseite. Dadurch sind sie sowohl von oben als auch von unten schlecht zu erkennen.

Durch ungewöhnliche Flossen oder Leuchtorgane lösen manche Fische ihren verräterischen Körperumriß auf. Der Körper anderer Fische gleicht Seetang oder Steinen. Viele Meereslebewesen bedecken ihren Körper mit Schlamm oder Sand, während die bunte Färbung einiger Gifttiere andere Lebewesen fernhalten soll.

Der Schlüssel zum Überleben

Die Anpassung von Meerestieren an die Probleme der Tarnung ist ein Vorgang, der mitunter mehrere Millionen Jahre gedauert hat. Tiere mit einem bestimmten Aussehen überlebten eher, während die, die sich klar von ihrem Hintergrund abhoben, bald gefressen wurden. Überlebende paarten sich mit Überlebenden, bis die Tarnung perfekt war.

Versteckte Schalen
Die Schalen von Muscheln, wie z. B. Klaff- oder Kammuscheln, werden oft von Algen und anderen kleinen Pflanzen überwuchert oder von Entenmuscheln besiedelt. Viele Muscheln vergraben sich in Sand- oder Schlammlöcher, um für hungrige Watvögel unsichtbar zu werden.

Schlaue Krebse
Einsiedlerkrebse leben in den leeren Schalen von Weichtieren wie z. B. Wellhornschnecken. Oft sitzt auf der Außenseite der Schale ein Blumentier, das sich von den Nahrungsteilchen ernährt, die um den Mund des Krebses herumwirbeln. Als Gegenleistung schützt die Seeanemone den Krebs mit ihren nesselnden Tentakeln und ihren wogenden Armen.

Die Farben der Kraken
Kraken und Kalmare können ihre Farbe wechseln. In ihrer Haut besitzen sie kleine, Chromatophoren genannte Farbzellen, die durch Muskeln vergrößert oder verkleinert werden können. Dann vergrößern sich wieder andersfarbige Chromatophoren, und erneut ändert der Körper seine Farbe.

Nacktschnecken sind schön!
Durch ihre Körpergestalt sind Meeresnacktschnecken, die sich zu Gruppen zusammengeschlossen haben, zwischen Schatten und kleinen Wellen schlecht zu erkennen. Der Körper vieler Meeresnacktschnecken ist mit Rüschen, Verästelungen und kleinen Wedeln bedeckt, die ihnen auch helfen, sich vor Räubern zu verstecken.

In einem Seestern
Scheibenbäuche sind kleine Fische des Flachwassers. Sie besitzen am Bauch kräftige Saugnäpfe, mit denen sie sich an Steinen und Seetang anheften können. Einige tropische Arten haben dünne, gestreifte Körper und verstecken sich in den Armen von Haarsternen oder den Stacheln von Seeigeln.

Meister der Tarnung
Einige Tiere besitzen eine Tarnfarbe. Andere ahmen Gegenstände oder andere Tiere in Form und Farbe nach. Ein Meister dieser Tarnung ist der Drachenkopf. Auf dem Hintergrund des steinigen Meeresbodens vor der Küste Floridas (USA) gleicht er einem bewachsenen Felsbrocken.

FLOSSEN UND PANZER

Meeresschildkröten sind Reptilien, im Meer lebende Verwandte der Landschildkröten. Man findet sie in allen wärmeren Meeren. Von vielen weiß man, daß sie lange Wanderungen unternehmen. Sie sind an das Leben im Ozean bestens angepaßt. Meeresschildkröten sind gute Schwimmer, aber an Land können sie sich nur schlecht fortbewegen. Trotzdem kommen die Weibchen in jedem Jahr auf die Strände, um ihre Eier im Sand abzulegen. Meeresschildkröten haben anstelle der Beine der Landschildkröten breite Flossen. Ihre Panzer sind nicht bucklig, sondern abgeflacht. Auch können sie ihren Kopf nicht wie die Landschildkröten in den Panzer zurückziehen. Meeresschildkröten nehmen sehr unterschiedliche Nahrung zu sich, z. B. Quallen, Fische, Kalmare, Muscheln und Schnecken, Entenmuscheln, Seetang und Seegras. Manche Arten werden sehr groß. Rekordexemplare der Lederschildkröte maßen 2,7 m und wogen mehr als 860 kg!

Leichte Opfer

Meeresschildkröten sind die harmlosesten Meeresreptilien und doch werden sie vom Menschen am meisten verfolgt. Seit langer Zeit werden sie als Nahrung gejagt, auch ihre Eier werden gegessen. Das Schildpatt ihrer Panzer wurde zu Schmuck und Brillengestellen verarbeitet, der Panzer als Ganzes Touristen als Andenken angeboten. Das Überleben der meisten Arten kann heute als fraglich gelten.

Lederschildkröten haben verhältnismäßig schwache Kiefer, die sie wie eine Schere benutzen

Die Lederschildkröte
Die Pazifische Lederschildkröte ist die größte aller land- und wasserbewohnenden Schildkröten. Sie erreicht eine Gesamtlänge von bis zu 1,8 m und eine Panzerlänge von 1,5 m. Dieses riesige Reptil frißt Quallen, deren Nesselzellen es nicht verletzen. Um ein schnelles Schwimmen zu unterstützen, hat der lederartige Panzer Furchen. Diese Meeresschildkröte ist ein Hochseebewohner, der sich oft weit in kältere Gewässer wagt.

Die Suppenschildkröte ernährt sich von Seegras und Tang

Suppenschildkröte
Erwachsene Suppenschildkröten leben fast völlig vegetarisch und fressen an Algen und Seegras. Man hat sie für die Herstellung von Schildkrötensuppe stark bejagt. Sie wandern weit und können Entfernungen von bis zu 2000 km zurücklegen. Suppenschildkröten legen ihre Eier an tropischen Stränden überall auf der Welt ab.

Auf dem Wege zum Wasser

Meeresschildkröten kehren jedes Jahr an tropische Strände zurück, um dort ihre Eier abzulegen. Manchmal haben sie Tausende von Kilometern zurückgelegt, um die Strände ihrer eigenen Geburt zu erreichen. Die Weibchen schleppen sich dann nachts aus dem Wasser und heben ein Loch im Sand aus, in das sie 80 bis 180 Eier legen. Während einer Saison können mehrere Eiablagegruben angelegt werden. Wenn die Babyschildkröten schlüpfen, müssen sie sich aus dem Sand herausgraben, ehe sie über den Strand zum Meer krabbeln können. Viele erreichen das Wasser nicht, weil sie von Räubern wie Krabben, Seevögeln und Eidechsen, aber auch von wildernden Hunden und Schweinen angegriffen und gefressen werden.

Ehe sie schlüpfen, werden die Eier zwei bis drei Monate im Sand von der Sonne ausgebrütet

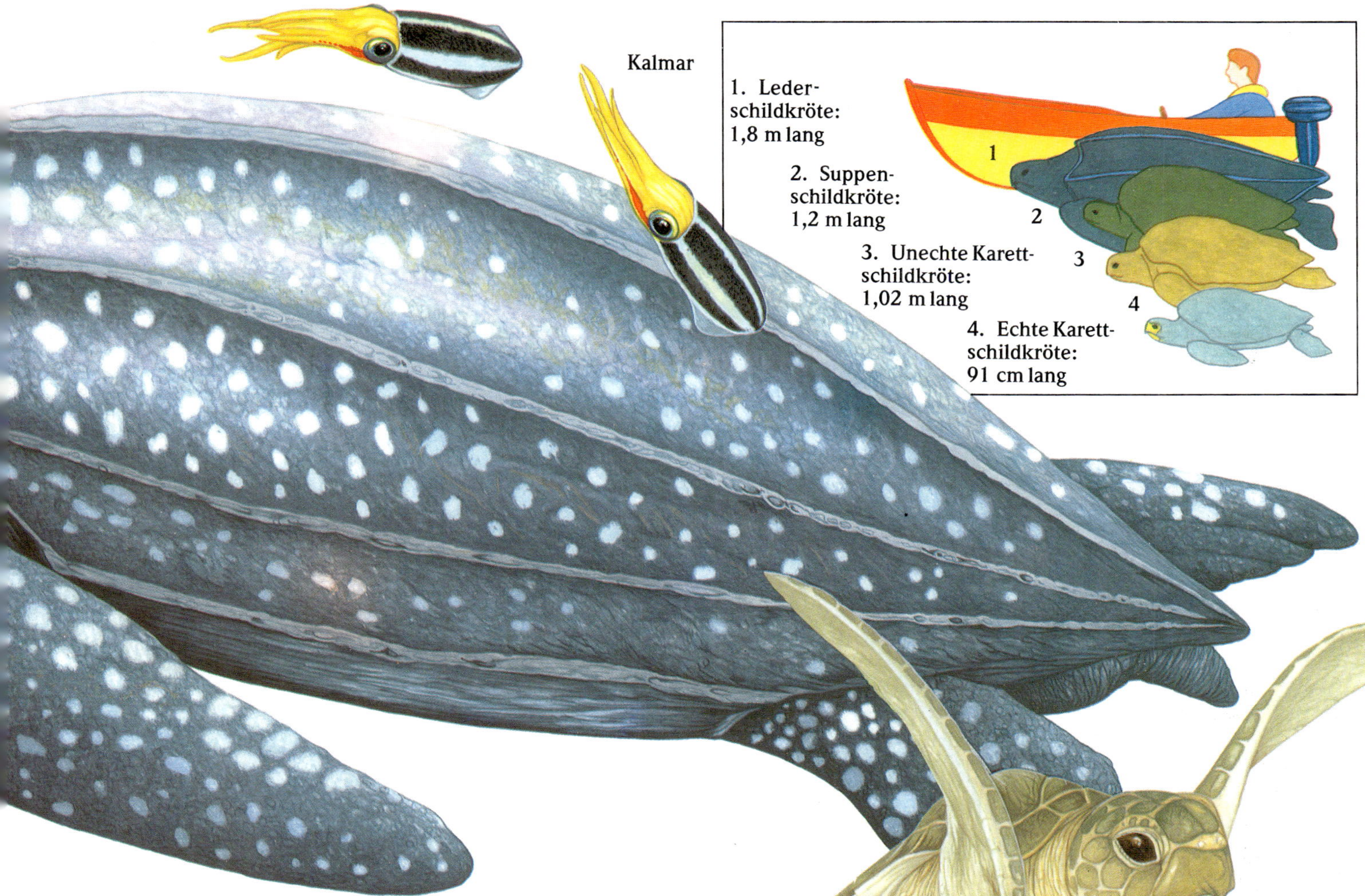

Die Unechte Karettschildkröte
Ein besonderes Merkmal dieser Meeresschildkröte ist der große Kopf. Die kräftigen Kiefer können sogar große Muscheln zermalmen. Da es in den tropischen Meeren, in denen sie leben, unterschiedliche Nahrungsquellen gibt, fressen Unechte Karettschildkröten auch unterschiedliche Dinge. Manche ernähren sich von Pfeilschwanzkrebsen, andere von Muscheln und Schnecken, Schwämmen, Garnelen oder Fischen. Einige nehmen auch Wasserpflanzen und Quallen.

Die Echte Karettschildkröte kann bis zu 91 cm lang werden

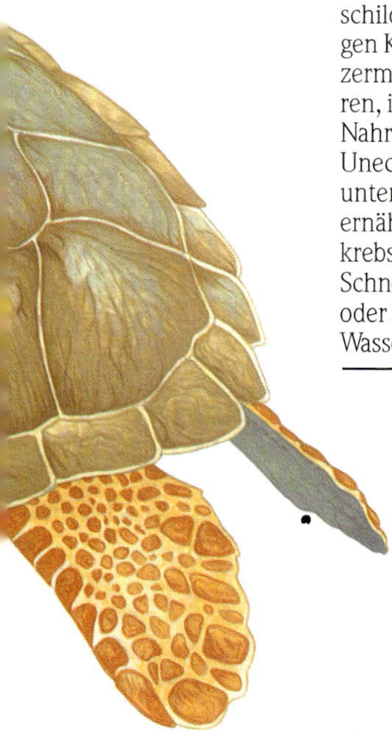

Wie alle Meeresschildkröten benutzt die Suppenschildkröte ihre kräftigen hinteren Flossen, um ein Loch in den Sand zu graben, bevor sie ihre Eier legt.

Die Echte Karettschildkröte
Diese Meeresschildkröte hat eine papageienschnabelähnliche Schnauze, mit der sie Ecken und Ritzen im Korallenriff untersucht. Sie frißt Seetang, Korallen, Schwämme und Blumentiere. Die Echte Karettschildkröte wurde wegen ihres wunderschön gemusterten Panzers, aus dem Ziergegenstände hergestellt und zum Verkauf angeboten wurden, verfolgt.

LEVIATHAN!

Der Name „Leviathan“ stammt aus dem Alten Testament. Er beschreibt ein riesiges Meeresungeheuer und wurde später als Bezeichnung für jeden großen Wal verwendet. Der Blauwal ist das größte Tier, das jemals auf der Erde lebte. In südlichen Meeren beträgt die durchschnittliche Länge weiblicher Blauwale 26 m, ihr Gewicht 109 Tonnen. Männchen erreichen 24 m und ein Gewicht von 85 Tonnen. Große Exemplare werden zunehmend seltener. Der größte jemals vermessene Blauwal war über 33 m lang, das Rekordgewicht liegt bei 117 Tonnen.

Wale sind Säugetiere, die Nachkommen von vorgeschichtlichen Landtieren, die möglicherweise auf der Suche nach Fischschwärmen sich dem Wasser nach und nach anpaßten und schließlich dort blieben. Wale sehen aus wie riesige Fische und verbringen ihr ganzes Leben im Meer. Sie sind jedoch noch immer warmblütige Tiere, die Luft atmen müssen. Wie alle anderen Säugetiere gebären sie lebende Junge und säugen sie mit Milch.

Blauwale
Blauwale leben im Atlantik, Pazifik und in den südlichen Meeren. Sie wandern in jedem Jahr in tropische Gewässer. Eine kleinere Form oder Unterart ist der Zwergblauwal, der im Indischen Ozean lebt.

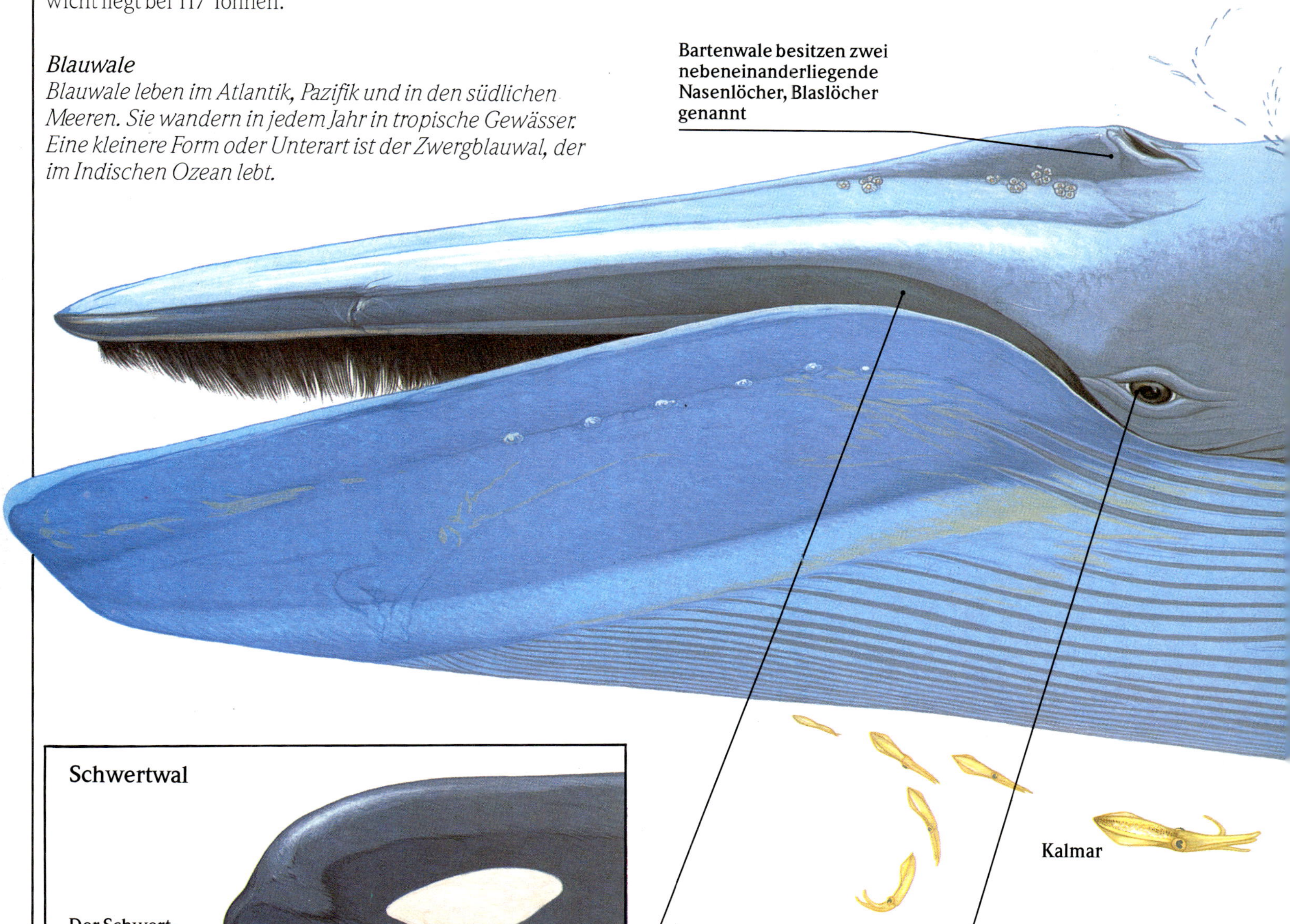

Das Maul
Mit nur einem Schluck kann der Blauwal 6 Kubikmeter Seewasser aufnehmen. Um Plankton herauszufiltern, siebt er dieses Wasser durch eine Reihe von biegsamen Platten im Maul. Diese Platten, die sogenannten Barten, bestehen aus hornigem Material und tragen auf der Innenseite Borsten. In antarktischen Gewässern fangen Bartenwale damit vor allem Krill, ein kleines, schwimmendes Krebstier.

Augen
Die Augen der Wale sind so beschaffen, daß sie über und unter Wasser funktionieren. Sie benutzen ihr Sehvermögen, um Beute zu finden und Hindernisse zu vermeiden, aber auch, um miteinander in Kontakt zu bleiben. Meist schwimmen Wale in den lichtdurchfluteten Oberflächengewässern. Einige, wie der Pottwal, wagen sich aber auch bis in finstere Tiefen.

Schwertwal

Der Schwertwal ist ein Verwandter der Delphine

Wale, Schweinswale und Delphine gehören zur Säugetiergruppe der Waltiere. Zahnlose Wale nennt man Bartenwale. Andere Wale haben Zähne und heißen Zahnwale. Der 9 m lange Schwertwal hat scharfe Zähne, mit denen er Fische, Kalmare, Pinguine und Robben fängt. In polaren Gewässern ist er häufig.

Der Blas eines Blauwals kann eine Höhe von bis zu 8 m erreichen

Wal, da bläst er!
Dies war im 18. Jahrhundert ein oftmals gehörter Schrei von Seeleuten auf Walfängern. Wenn ein Wal an die Oberfläche kommt, um zu atmen, braucht nur ein kleines Blasloch auf dem Kopf aus dem Wasser zu ragen. Warmer Atem wird ausgestoßen und bildet eine hohe, neblige Wolke, wenn er an der kalten Luft zu Dampf kondensiert.

Tauchen, tauchen, tauchen!
Nachdem sie die verbrauchte Luft ausgestoßen und frische eingesogen haben, tauchen Wale ins Meer hinab. Männliche Pottwale erreichen eine Tiefe von über 1000 Metern und können länger als eine Stunde unter Wasser bleiben.

Walseepocken (Conchoderma) wurden nach dem Tier benannt, an dem sie sich befestigen

Flipper
Als die Vorfahren der Wale zu einem Leben im Meer übergingen, wandelten sich ihre Vordergliedmaßen zu bis zu 3 m langen Brustflossen oder Flippern um. Ihre Hinterbeine verschwanden fast völlig. Alles, was von ihnen noch übrig ist, sind kleine Knochen, die versteckt im Körper des Blauwals liegen, ein Hinweis, daß Wale von vierbeinigen Tieren abstammen.

Anhalter
Wie am Rumpf eines Schiffes setzen sich auch bei Walen Seepokken und Tang an. Wenn der Wal älter wird, wachsen Seepocken und Walläuse auf seiner Haut. Durch Algen kann sich sein Bauch gelblich färben. Daher nannte man den Blauwal früher auch „Schwefelbauch".

Blauwal: 30 m lang

VIELE WALE

Es gibt 11 Arten von Bartenwalen, die in drei Familien unterteilt sind: Die erste Familie, die Furchenwale, umfaßt den Blau-, Finn-, Sei-, Bryde-, Mink- und Buckelwal. Die Grauwale stehen allein in der zweiten Familie. Die dritte Familie wird von den Glattwalen gebildet. Zu ihr gehören der Grönlandwal, der Nord- und der Südkaper sowie der Zwergglattwal.

Die Hauptnahrung der Bartenwale bildet der rosafarbene, garnelenartige Krill. In den Sommermonaten wimmelt es in den Meeren um die Antarktis von diesem kleinen Krebs. Von ihm ernähren sich viele Meeresraubtiere, darunter Fische, Robben, Kalmare und Pinguine. Mitunter saugen Bartenwale auch kleine Krebse, Fische und Kalmare mit ein. Eine Art, der Grauwal, buddelt im Schlamm und Sand des Meeresbodens, um Würmer und Weichtiere, aber auch größere Beute herauszufiltern.

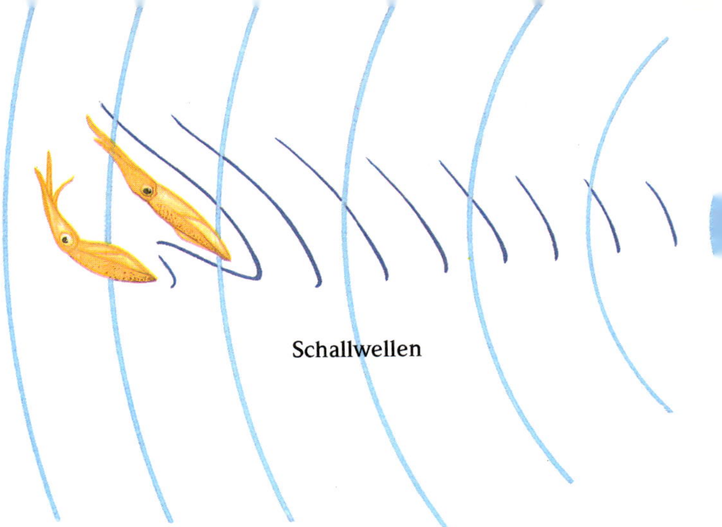

Schallwellen

Dögling
Der Dögling gehört zu den Schnabelwalen. Seine lange, flaschenähnliche Schnauze ist deutlich vom Kopf abgesetzt. Zahnwale, wie z. B. der Dögling, geben Folgen von schnellen Klicklauten von sich. Der Schall bewegt sich durch das Wasser und wird von Gegenständen auf seinem Weg zurückgeworfen. Das Echo wird aufgefangen, und mit seiner Hilfe kann der Wal seine Umgebung in „Schallbildern" sehen.

Die ganze Familie
Es gibt 67 Arten von Zahnwalen, Delphinen und Schweinswalen, aufgeteilt in mehrere Familien. Der Narwal und der Weißwal gehören in eine Zahnwalfamilie, die Schnabelwale in eine andere, und der Grind- und Schwertwal zusammen in eine weitere. Die Kleinwale bilden drei Gruppen: Delphine, Schweinswale und Flußdelphine.

Der 4,5 m lange Narwal lebt in arktischen Gewässern

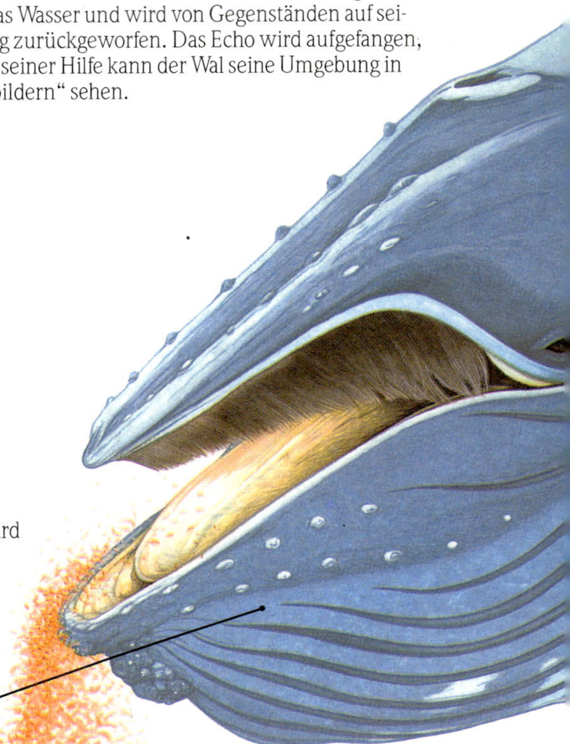

Buckelwal
Der Buckelwal mit seinen langen Flippern wird etwa 13 m lang. Obwohl er um 30 Tonnen wiegt, springt er dennoch gerne aus dem Meer und fällt mit mächtigem „Platsch" zurück. Der Buckelwal gehört zu den Bartenwalen und schlingt Krill und Fisch herunter. Er kommt in allen Meeren vor.

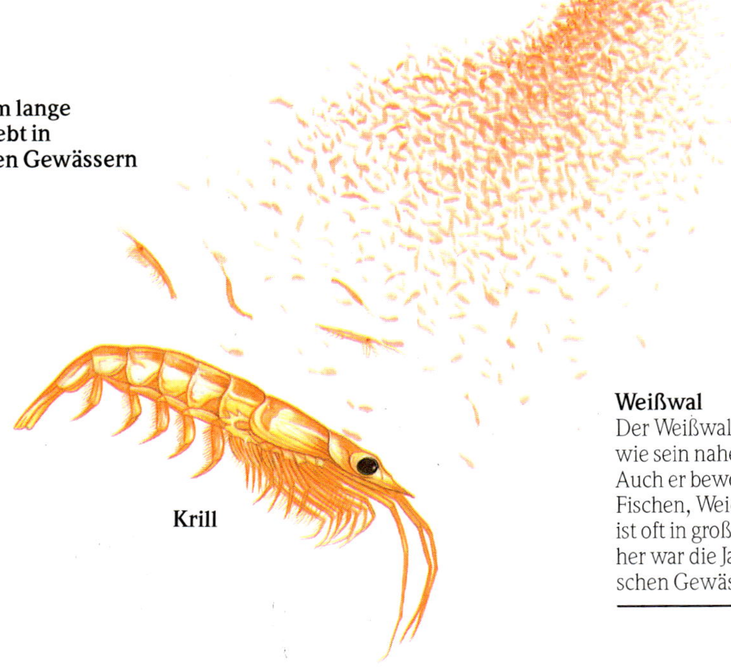

Krill

Mit seinem pausbäckigen Gesicht sieht der Weißwal so aus, als ob er lächelt

Narwal
Der Narwal besitzt ein einzelnes, spiralig gewundenes „Horn" und erinnert damit an das „Einhorn" der Fabelwelt. In Wahrheit ist es ein übergroßer Zahn, der eine Länge von bis zu 2,7 m erreichen kann. Narwale fressen Garnelen, Kalmare und Tintenfische, aber auch Fische des Nordpolarmeeres, wie Heilbutt und Dorsch.

Weißwal
Der Weißwal hat etwa dieselbe Größe wie sein naher Verwandter, der Narwal. Auch er bewohnt die Arktis, lebt von Fischen, Weichtieren und Würmern und ist oft in großen Schulen unterwegs. Früher war die Jagd auf Weißwale in arktischen Gewässern sehr verbreitet.

Der Blas eines Blauwals kann eine Höhe von bis zu 8 m erreichen

Wal, da bläst er!
Dies war im 18. Jahrhundert ein oftmals gehörter Schrei von Seeleuten auf Walfängern. Wenn ein Wal an die Oberfläche kommt, um zu atmen, braucht nur ein kleines Blasloch auf dem Kopf aus dem Wasser zu ragen. Warmer Atem wird ausgestoßen und bildet eine hohe, neblige Wolke, wenn er an der kalten Luft zu Dampf kondensiert.

Tauchen, tauchen, tauchen!
Nachdem sie die verbrauchte Luft ausgestoßen und frische eingesogen haben, tauchen Wale ins Meer hinab. Männliche Pottwale erreichen eine Tiefe von über 1000 Metern und können länger als eine Stunde unter Wasser bleiben.

Walseepocken (Conchoderma) wurden nach dem Tier benannt, an dem sie sich befestigen

Flipper
Als die Vorfahren der Wale zu einem Leben im Meer übergingen, wandelten sich ihre Vordergliedmaßen zu bis zu 3 m langen Brustflossen oder Flippern um. Ihre Hinterbeine verschwanden fast völlig. Alles, was von ihnen noch übrig ist, sind kleine Knochen, die versteckt im Körper des Blauwals liegen, ein Hinweis, daß Wale von vierbeinigen Tieren abstammen.

Anhalter
Wie am Rumpf eines Schiffes setzen sich auch bei Walen Seepocken und Tang an. Wenn der Wal älter wird, wachsen Seepocken und Walläuse auf seiner Haut. Durch Algen kann sich sein Bauch gelblich färben. Daher nannte man den Blauwal früher auch „Schwefelbauch".

Blauwal: 30 m lang

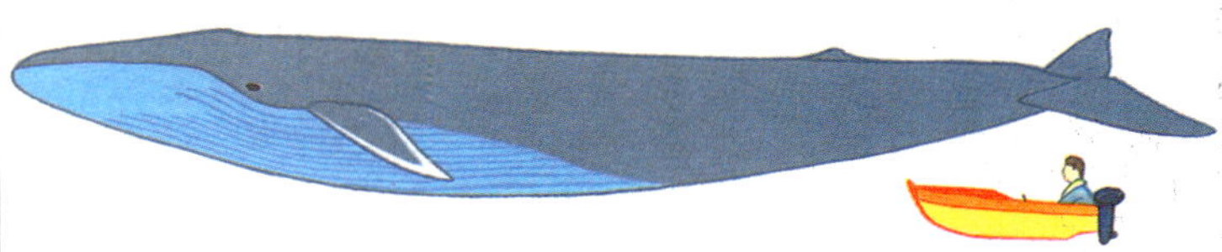

Zwiesprache im Meer

Im allgemeinen werden Wale als die intelligentesten aller Meerestiere angesehen. Das größte Gehirn aller Lebewesen besitzt der Pottwal. Es wiegt bis zu 9 kg! Oft scheinen Delphine die Gesellschaft von Menschen zu genießen und zeigen keine Angst vor Schwimmern oder Segelbooten. In der Gefangenschaft lernen sie zahlreiche Kunststücke.

Wale können sich untereinander in einem gewissen Maß durch Klicks, Pfiffe, Grunzer oder Knacken verständigen. Auch indem sie mit Schwanz oder Flippern auf das Wasser schlagen, „sprechen" sie miteinander, ebenso durch Luftsprünge.

Blubber

Oft jagen Wale in den kältesten Gewässern der Welt. Sie müssen sich daher warm halten. Wie Walrosse und Robben sind sie gegen die Kälte durch eine dicke Fettschicht, auch „Blubber" genannt, isoliert. Diese etwa 0,5 m dicke Schicht liegt genau unter der Haut. Weil Babywale nur wenig Blubber besitzen, befinden sich ihre Geburtsplätze in wärmeren Gewässern.

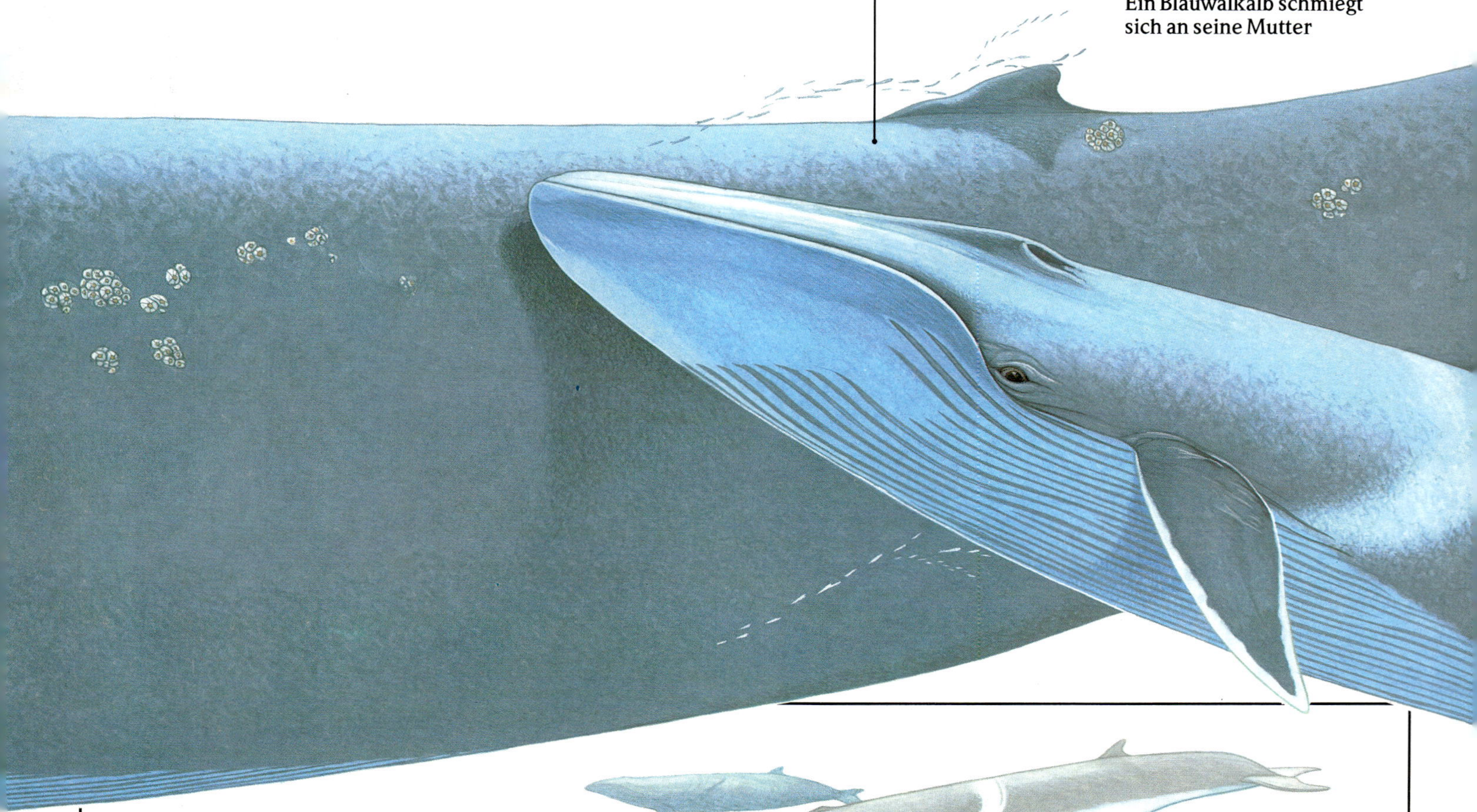

Ein Blauwalkalb schmiegt sich an seine Mutter

Wale auf der Reise

Eine Gruppe kleiner Minkwale schwimmt die Küste entlang. Oft mögen Wale Gesellschaft und reisen daher in kleinen Gruppen, die „Schulen" genannt werden. Delphine und Schweinswale bilden oft große Schulen. Während ihrer Wanderung springen sie aus dem Wasser und reiten auf der Bugwelle von Schiffen. Minkwale unternehmen nur begrenzte Wanderungen, die wahren Langstreckenreisenden jedoch sind die großen Bartenwale. Diese wandern jährlich zwischen den kalten Polargebieten, wo sie sich eine Speckschicht anfressen, und warmen, tropischen Gewässern, in denen sie sich vermehren. Möglicherweise wandern Grauwale über Entfernungen von 20 000 km.

Heckantrieb
Das hintere Ende des Walkörpers verjüngt sich zu einem Schwanz mit einer breiten, kräftigen Schwanzflosse, auch Fluke genannt. Ihre Auf- und Abwärtsbewegung treibt den Wal mit Geschwindigkeiten zwischen 5 und 15 km/h durch das Wasser.

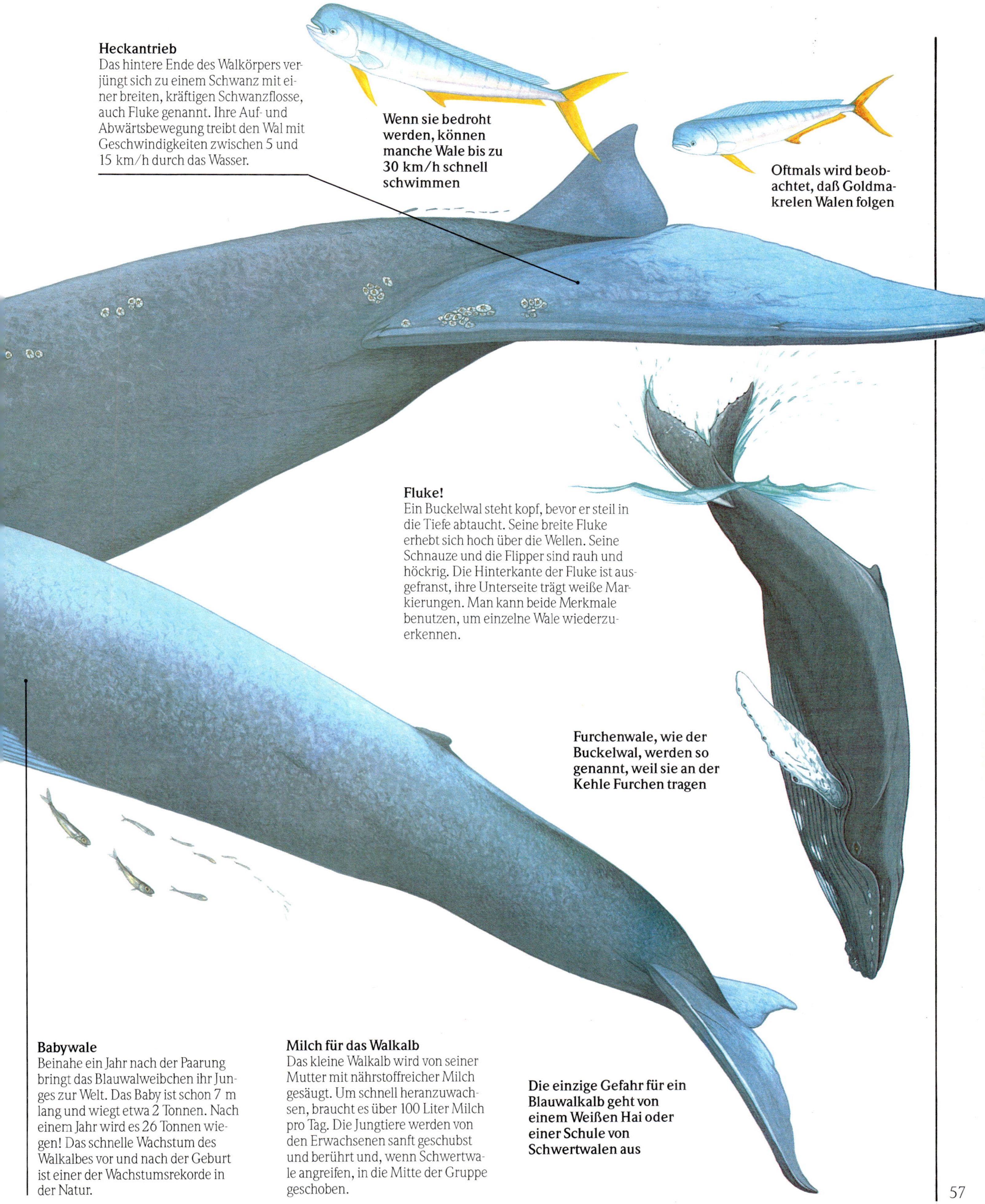

Wenn sie bedroht werden, können manche Wale bis zu 30 km/h schnell schwimmen

Oftmals wird beobachtet, daß Goldmakrelen Walen folgen

Fluke!
Ein Buckelwal steht kopf, bevor er steil in die Tiefe abtaucht. Seine breite Fluke erhebt sich hoch über die Wellen. Seine Schnauze und die Flipper sind rauh und höckrig. Die Hinterkante der Fluke ist ausgefranst, ihre Unterseite trägt weiße Markierungen. Man kann beide Merkmale benutzen, um einzelne Wale wiederzuerkennen.

Furchenwale, wie der Buckelwal, werden so genannt, weil sie an der Kehle Furchen tragen

Babywale
Beinahe ein Jahr nach der Paarung bringt das Blauwalweibchen ihr Junges zur Welt. Das Baby ist schon 7 m lang und wiegt etwa 2 Tonnen. Nach einem Jahr wird es 26 Tonnen wiegen! Das schnelle Wachstum des Walkalbes vor und nach der Geburt ist einer der Wachstumsrekorde in der Natur.

Milch für das Walkalb
Das kleine Walkalb wird von seiner Mutter mit nährstoffreicher Milch gesäugt. Um schnell heranzuwachsen, braucht es über 100 Liter Milch pro Tag. Die Jungtiere werden von den Erwachsenen sanft geschubst und berührt und, wenn Schwertwale angreifen, in die Mitte der Gruppe geschoben.

Die einzige Gefahr für ein Blauwalkalb geht von einem Weißen Hai oder einer Schule von Schwertwalen aus

VIELE WALE

Es gibt 11 Arten von Bartenwalen, die in drei Familien unterteilt sind: Die erste Familie, die Furchenwale, umfaßt den Blau-, Finn-, Sei-, Bryde-, Mink- und Buckelwal. Die Grauwale stehen allein in der zweiten Familie. Die dritte Familie wird von den Glattwalen gebildet. Zu ihr gehören der Grönlandwal, der Nord- und der Südkaper sowie der Zwergglattwal.

Die Hauptnahrung der Bartenwale bildet der rosafarbene, garnelenartige Krill. In den Sommermonaten wimmelt es in den Meeren um die Antarktis von diesem kleinen Krebs. Von ihm ernähren sich viele Meeresraubtiere, darunter Fische, Robben, Kalmare und Pinguine. Mitunter saugen Bartenwale auch kleine Krebse, Fische und Kalmare mit ein. Eine Art, der Grauwal, buddelt im Schlamm und Sand des Meeresbodens, um Würmer und Weichtiere, aber auch größere Beute herauszufiltern.

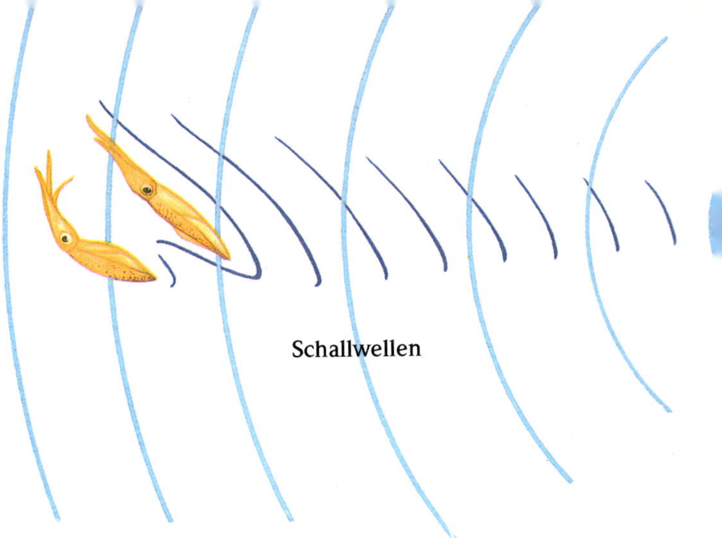

Dögling
Der Dögling gehört zu den Schnabelwalen. Seine lange, flaschenähnliche Schnauze ist deutlich vom Kopf abgesetzt. Zahnwale, wie z. B. der Dögling, geben Folgen von schnellen Klicklauten von sich. Der Schall bewegt sich durch das Wasser und wird von Gegenständen auf seinem Weg zurückgeworfen. Das Echo wird aufgefangen, und mit seiner Hilfe kann der Wal seine Umgebung in „Schallbildern" sehen.

Die ganze Familie
Es gibt 67 Arten von Zahnwalen, Delphinen und Schweinswalen, aufgeteilt in mehrere Familien. Der Narwal und der Weißwal gehören in eine Zahnwalfamilie, die Schnabelwale in eine andere, und der Grind- und Schwertwal zusammen in eine weitere. Die Kleinwale bilden drei Gruppen: Delphine, Schweinswale und Flußdelphine.

Der 4,5 m lange Narwal lebt in arktischen Gewässern

Buckelwal
Der Buckelwal mit seinen langen Flippern wird etwa 13 m lang. Obwohl er um 30 Tonnen wiegt, springt er dennoch gerne aus dem Meer und fällt mit mächtigem „Platsch" zurück. Der Buckelwal gehört zu den Bartenwalen und schlingt Krill und Fisch herunter. Er kommt in allen Meeren vor.

Krill

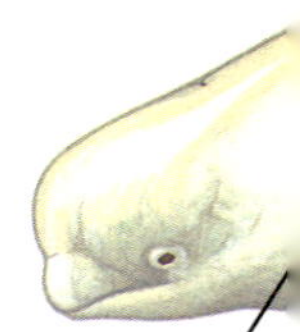

Mit seinem pausbäckigen Gesicht sieht der Weißwal so aus, als ob er lächelt

Narwal
Der Narwal besitzt ein einzelnes, spiralig gewundenes „Horn" und erinnert damit an das „Einhorn" der Fabelwelt. In Wahrheit ist es ein übergroßer Zahn, der eine Länge von bis zu 2,7 m erreichen kann. Narwale fressen Garnelen, Kalmare und Tintenfische, aber auch Fische des Nordpolarmeeres, wie Heilbutt und Dorsch.

Weißwal
Der Weißwal hat etwa dieselbe Größe wie sein naher Verwandter, der Narwal. Auch er bewohnt die Arktis, lebt von Fischen, Weichtieren und Würmern und ist oft in großen Schulen unterwegs. Früher war die Jagd auf Weißwale in arktischen Gewässern sehr verbreitet.

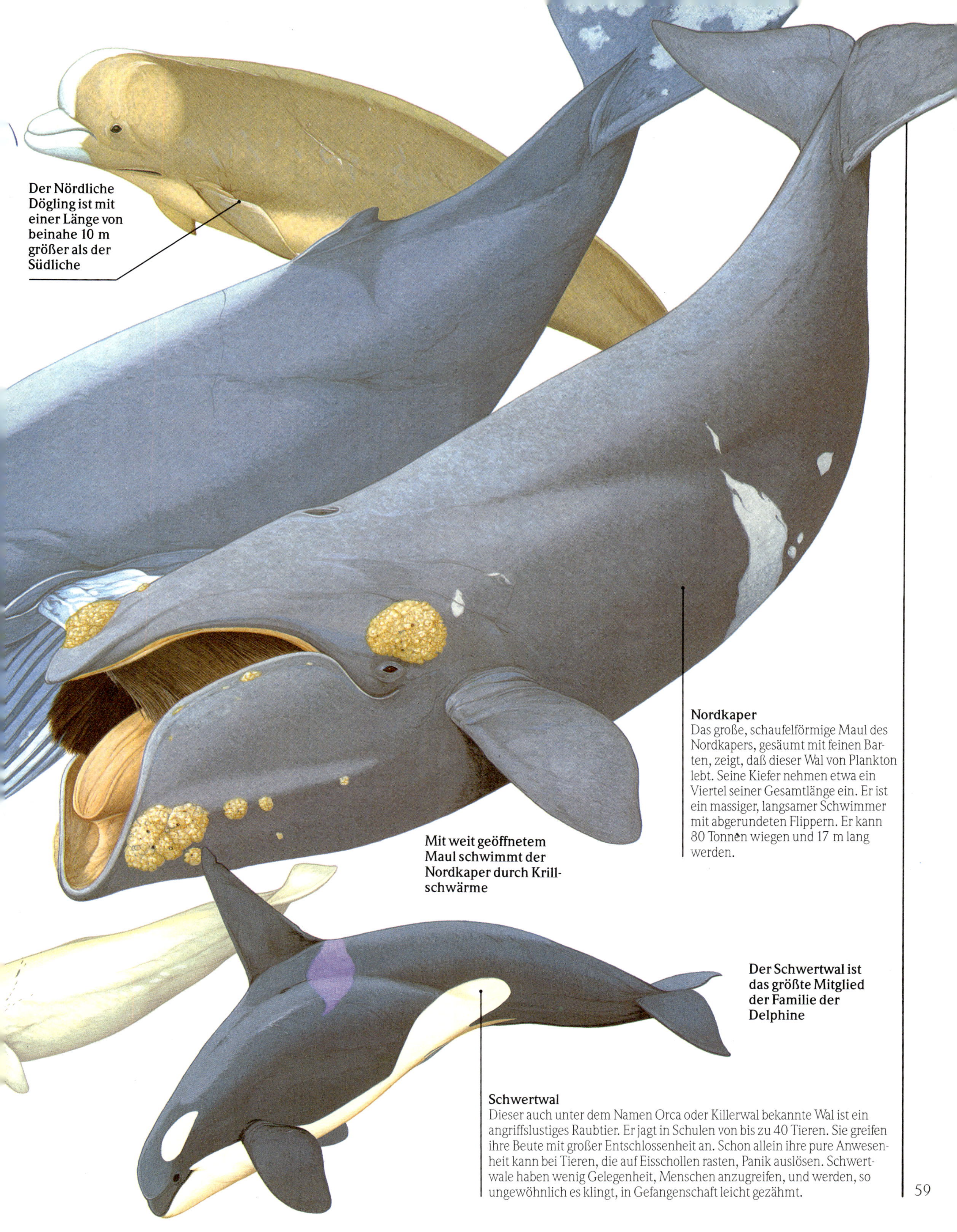

Der Nördliche Dögling ist mit einer Länge von beinahe 10 m größer als der Südliche

Mit weit geöffnetem Maul schwimmt der Nordkaper durch Krillschwärme

Nordkaper
Das große, schaufelförmige Maul des Nordkapers, gesäumt mit feinen Barten, zeigt, daß dieser Wal von Plankton lebt. Seine Kiefer nehmen etwa ein Viertel seiner Gesamtlänge ein. Er ist ein massiger, langsamer Schwimmer mit abgerundeten Flippern. Er kann 80 Tonnen wiegen und 17 m lang werden.

Der Schwertwal ist das größte Mitglied der Familie der Delphine

Schwertwal
Dieser auch unter dem Namen Orca oder Killerwal bekannte Wal ist ein angriffslustiges Raubtier. Er jagt in Schulen von bis zu 40 Tieren. Sie greifen ihre Beute mit großer Entschlossenheit an. Schon allein ihre pure Anwesenheit kann bei Tieren, die auf Eisschollen rasten, Panik auslösen. Schwertwale haben wenig Gelegenheit, Menschen anzugreifen, und werden, so ungewöhnlich es klingt, in Gefangenschaft leicht gezähmt.

RETTET UNSERE MEERE!

Alles Leben auf der Erde hängt von Luft, Wasser und Licht ab. Die Ozeane sind die größten Speicher von Leben auf der Erde. Sie sind nicht nur die Heimat von Tieren und Pflanzen, sondern versorgen zudem auch die Landbewohner mit dem Regen und der Feuchtigkeit, die sie zum Überleben brauchen. Und doch werden sie vom Menschen ohne Rücksicht geplündert und vergiftet. Meere werden mit Abwässern, Chemikalien und nuklearen Substanzen verunreinigt. Küsten werden als Urlaubsgebiete erschlossen, Muscheln und Schnecken als Andenken an Touristen verkauft. Meere, die einst einen enormen Reichtum an Tieren und Pflanzen beherbergten, können nun kaum noch mehr als Algen und Quallen ernähren.

Eine Überlebensfrage

Fischerei, Walfang und Jagd bedrohen viele Meerestiere. Als Jäger wie die Inuit (Eskimos) der Arktis Robben und Walen nachstellten, töteten sie nur soviel, daß sie selbst davon leben konnten, und hinterließen genug, daß ihre Versorgung aus derselben Quelle auch für die Zukunft gesichert war. Aber die Menschen sind gierig geworden. Daher sind viele Meerestiere durch Überfischung und Überbejagung von der Ausrottung bedroht.

Mönchsrobbe
Die Robben der warmen Meere sind durch Verschmutzung, Tourismus und Jagd gefährdet. Die Karibische Mönchsrobbe ist seit 1949 nicht mehr gesehen worden und höchstwahrscheinlich ausgestorben. Die Hawaianische oder Laysan-Mönchsrobbe und die Mittelmeer-Mönchsrobbe sind bedrohte Arten.

Lederschildkröte
Das Fleisch dieses gefährdeten Meeresriesen wird mitunter für die Erzeugung von Öl oder Fischködern verwendet, die Eier werden gegessen. Eine weitere Gefahr für sie ist, daß sie oft mit Schiffen zusammenstoßen oder sich in Netzen, die zum Fang von Haien, Fischen und Kalmaren ausgelegt wurden, verfangen.

Blauwal
In den letzten 70 Jahren ist die Zahl der Blauwale in den südlichen Meeren von 220 000 auf möglicherweise nur 12 000 gefallen. Im Norden sank die Anzahl in derselben Zeitspanne von etwa 8000 auf nur 3000.

Pfeilschwanzkrebse
Pfeilschwanzkrebse sind gar keine Echten Krebse – sie sind eher mit Spinnen verwandt. Während der letzten 300 Millionen Jahre haben sie sich kaum verändert. Vier Arten überlebten im Fernen Osten, eine an der Ostküste der Vereinigten Staaten. Bei allen besteht die Gefahr, daß sie bald aussterben.

Die Geschichte der Quastenflosser

Im Jahre 1938 fing ein Trawler vor der Küste Südafrikas einen Fisch, der zur Familie der Quastenflosser gehörte. Wissenschaftler kannten diese Familie nur aus Fossilien, die viele Millionen Jahre alt waren. Diese *Latimeria* genannte Art wird fast 2 m lang und hat einen kräftigen Körper mit großen Schuppen.

Manatis und Dugongs
Es wird berichtet, daß die Seeleute einst eine Gruppe von Säugetieren, die man Seekühe oder Sirenen nennt, für Meerjungfrauen gehalten haben. Heute sind alle Arten in Gefahr: die Dugongs des Indischen und Pazifischen Ozeans und die Manatis Südamerikas, der Karibik und Westafrikas.

Nordkaper
Schon vor fast 1000 Jahren jagten die Basken diesen Wal in der Biskaya. Für die Walfänger des 19. Jahrhunderts war er der „richtige“ Wal, wie sein englischer Name „right whale“ auch heute noch andeutet, da er langsam schwamm und nach seinem Tod nicht unterging. Hunderttausende wurden abgeschlachtet. Seit 1935 ist er gesetzlich geschützt.

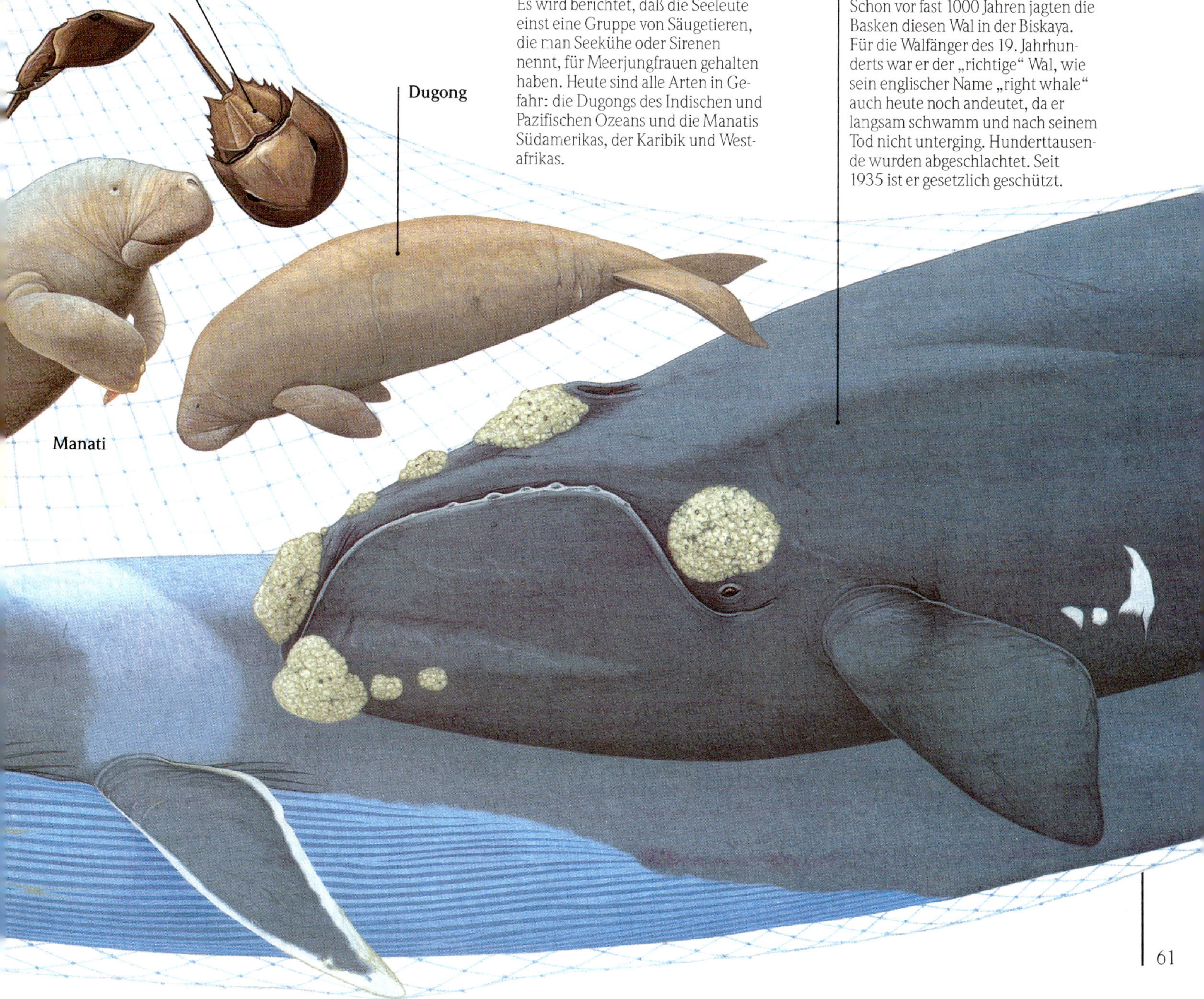

Ein Blick in die Zukunft

Mit Recht wird der Mensch für die Verschmutzung und Überfischung der Meere verantwortlich gemacht. Aber über die Jahre haben auch viele Menschen daran gearbeitet, die Welt der Natur zu verstehen und Aufzeichnungen über sie zu machen.

Heute können die Wanderungen von gefährdeten Walen mit Satelliten verfolgt werden. Im Jahre 1988 arbeiteten die USA und die UdSSR zusammen, um Grauwale zu befreien, die im Eis von Alaska gefangen waren. Die Haltung der Öffentlichkeit gegenüber den Lebewesen der Meere ist im Begriff, sich zu ändern. Vielleicht ist es noch nicht zu spät, unsere Ozeane und ihre wunderbaren Bewohner zu retten.

Seebären
In geringen Mengen sind Seebären seit Tausenden von Jahren gejagt worden. Im 19. Jahrhundert jedoch begann im Nordpazifik und Südatlantik eine Massenabschlachtung. Heute sind diese Robben gesetzlich geschützt, aber zwei Arten des Pazifik sind auch jetzt noch gefährdet – der Juan-Fernandez-Seebär aus Chile, der als ausgestorben galt, bis er im Jahre 1968 wiederentdeckt wurde, und der Guadelupe-Seebär aus Mexiko und den USA.

Kurilen-Seehund
Die Inselgruppe der Kurilen liegt zwischen Japan und der Sowjetunion im Nordpazifik. Hier lebt der Kurilen-Seehund, eine seltene Unterart des Gewöhnlichen Seehundes, die etwa 1,8 m lang wird. Er gehört zur Familie der Hundsrobben, die keine äußerlich sichtbaren Ohren haben. Wie viele andere Mitglieder dieser Familie auch, steht der Kurilen-Seehund auf der Liste der bedrohten Tierarten.

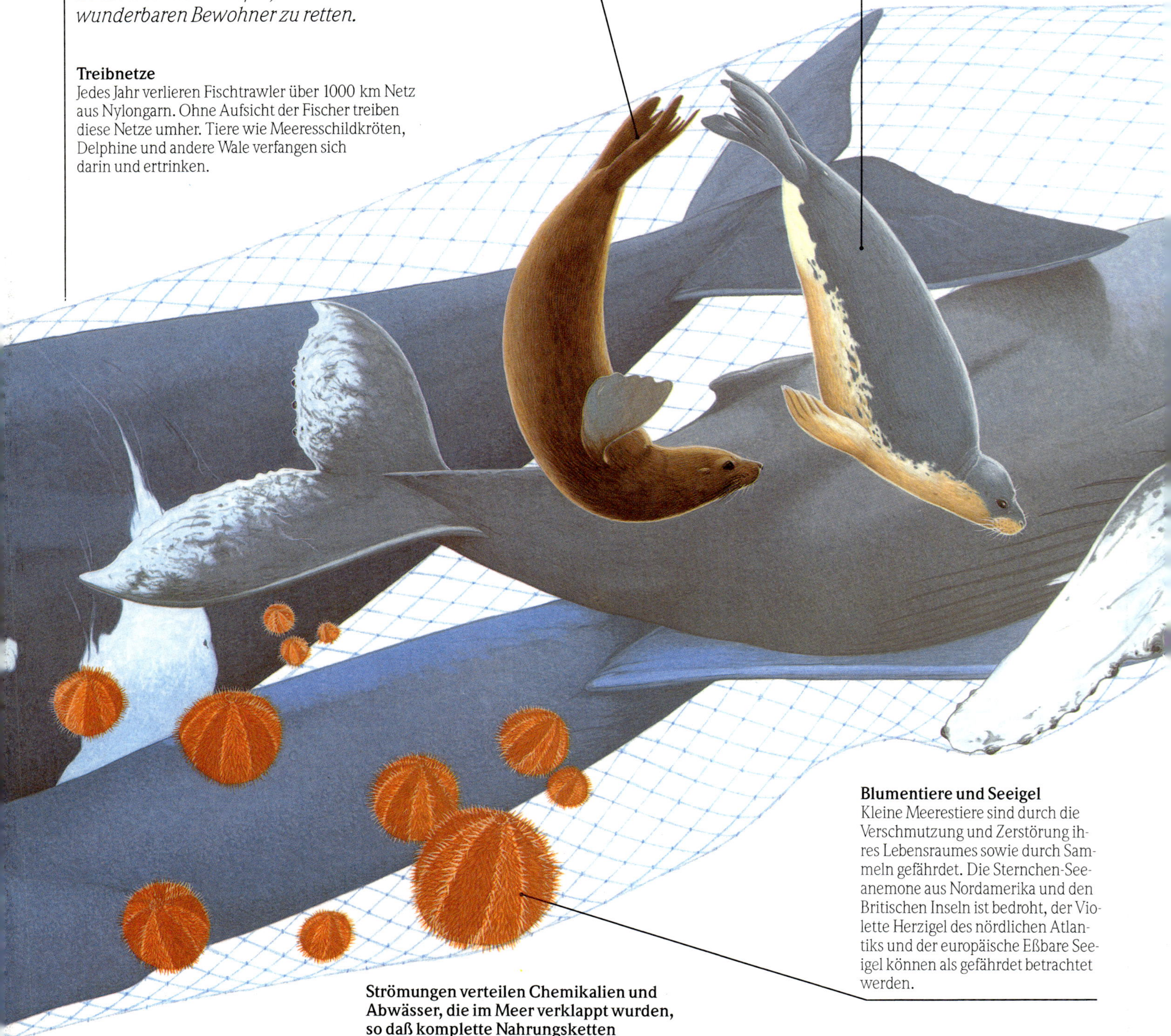

Treibnetze
Jedes Jahr verlieren Fischtrawler über 1000 km Netz aus Nylongarn. Ohne Aufsicht der Fischer treiben diese Netze umher. Tiere wie Meeresschildkröten, Delphine und andere Wale verfangen sich darin und ertrinken.

Blumentiere und Seeigel
Kleine Meerestiere sind durch die Verschmutzung und Zerstörung ihres Lebensraumes sowie durch Sammeln gefährdet. Die Sternchen-Seeanemone aus Nordamerika und den Britischen Inseln ist bedroht, der Violette Herzigel des nördlichen Atlantiks und der europäische Eßbare Seeigel können als gefährdet betrachtet werden.

Strömungen verteilen Chemikalien und Abwässer, die im Meer verklappt wurden, so daß komplette Nahrungsketten zerstört werden